天基探测与应用前沿技术丛书

主编 杨元喜

高分辨率光学遥感卫星影像精细三维重建模型与算法

Accurate and Detailed 3D Reconstruction Models and Algorithms for High Resolution Optical Remote Sensing Satellite Images

巩丹超 著

国防工业出版社

·北京·

内容简介

本书针对高分辨率光学遥感卫星影像的精细三维重建,对传感器模型、核线模型、密集匹配、DSM融合处理、多视角卫星影像实景处理等方面进行了深入和系统的研究和总结。

本书适合于从事摄影测量与遥感工作的科研人员和工程技术人员以及相关专业院校师生阅读。

图书在版编目（CIP）数据

高分辨率光学遥感卫星影像精细三维重建模型与算法／巩丹超著．－－北京：国防工业出版社，2024．7．
（天基探测与应用前沿技术丛书／杨元喜主编）．
ISBN 978-7-118-13396-7

Ⅰ．TP75

中国国家版本馆CIP数据核字第2024KS7662号

※

国防工业出版社出版发行
（北京市海淀区紫竹院南路23号　邮政编码100048）
雅迪云印（天津）科技有限公司印刷
新华书店经售

＊

开本710×1000　1/16　插页16　印张14½　字数268千字
2024年7月第1版第1次印刷　印数1—1500册　定价128.00元

（本书如有印装错误，我社负责调换）

国防书店：(010) 88540777　　书店传真：(010) 88540776
发行业务：(010) 88540717　　发行传真：(010) 88540762

天基探测与应用前沿技术丛书
编审委员会

主　　　编　杨元喜
副　主　编　江碧涛
委　　　员　(按姓氏笔画排序)
　　　　　　王　密　　王建荣　　巩丹超　　朱建军
　　　　　　刘　华　　孙中苗　　肖　云　　张　兵
　　　　　　张良培　　欧阳黎明　罗志才　　郭金运
　　　　　　唐新明　　康利鸿　　程邦仁　　楼良盛
丛书策划　王京涛　熊思华

丛 书 序

  天高地阔、水宽山远、浩瀚无垠、目不能及，这就是我们要探测的空间，也是我们赖以生存的空间。从古人眼中的天圆地方到大航海时代的环球航行，再到日心学说的确立，人类从未停止过对生存空间的探测、描绘与利用。

  摄影测量是探测与描绘地理空间的重要手段，发展已有近 200 年的历史。从 1839 年法国发表第一张航空像片起，人们把探测世界的手段聚焦到了航空领域，在飞机上搭载航摄仪对地面连续摄取像片，然后通过控制测量、调绘和测图等步骤绘制成地形图。航空遥感测绘技术手段曾在 120 多年的时间长河中成为地表测绘的主流技术。进入 20 世纪，航天技术蓬勃发展，而同时期全球地表无缝探测的需求越来越迫切，再加上信息化和智能化重大需求，"天基探测"势在必行。

  天基探测是人类获取地表全域空间信息的最重要手段。相比传统航空探测，天基探测不仅可以实现全球地表感知（包括陆地和海洋），而且可以实现全天时、全域感知，同时可以极大地减少野外探测的工作量，显著地提高地表探测效能，在国民经济和国防建设中发挥着无可替代的重要作用。

  我国的天基探测领域经过几十年的发展，从返回式卫星摄影发展到传输型全要素探测，已初步建立了航天对地观测体系。测绘类卫星影像地面分辨率达到亚米级，时间分辨率和光谱分辨率也不断提高，从 1∶250000 地形图测制发展到 1∶5000 地形图测制；遥感类卫星分辨率已逼近分米级，而且多物理原理的对地感知手段也日趋完善，从光学卫星发展到干涉雷达卫星、激光测高卫星、重力感知卫星、磁力感知卫星、海洋环境感知卫星等；卫星探测应用技术范围也不断扩展，从有地面控制点探测与定位，发展到无需地面控制点支持的探测与定位，从常规几何探测发展到地物属性类探测；从专门针对地形测量，发展到动目标探测、地球重力场探测、磁力场探测，甚至大气风场探测和海洋环境探测；卫星探测载荷功能日臻完善，从单一的全色影像发展到多光谱、高光谱影像，实现"图谱合一"的对地观测。当前，天基探测卫星已经在国土测绘、城乡建设、农业、林业、气象、海洋等领域发挥着重要作用，取得了系列理论和应用成果。

任何一种天基探测手段都有其鲜明的技术特征，现有天基探测大致包括几何场探测和物理场探测两种，其中诞生最早的当属天基光学几何探测。天基光学探测理论源自航空摄影测量经典理论，在实现光学天基探测的过程中，前人攻克了一系列技术难关，《光学卫星摄影测量原理》一书从航天系统工程角度出发，系统介绍了航天光学摄影测量定位的理论和方法，既注重天基几何探测基础理论，又兼顾工程性与实用性，尤其是低频误差自补偿、基于严格传感器模型的光束法平差等理论和技术路径，展现了当前天基光学探测卫星理论和体系设计的最前沿成果。在一系列天基光学探测工程中，高分七号卫星是应用较为广泛的典型代表，《高精度卫星测绘技术与工程实践》一书对高分七号卫星工程和应用系统关键技术进行了总结，直观展现了我国1:10000光学探测卫星的前沿技术。在光学探测领域中，利用多光谱、高光谱影像特性对地物进行探测、识别、分析已经取得系统性成果，《高光谱遥感影像智能处理》一书全面梳理了高光谱遥感技术体系，系统阐述了光谱复原、解混、分类与探测技术，并介绍了高光谱视频目标跟踪、高光谱热红外探测、高光谱深空探测等前沿技术。

天基光学探测的核心弱点是穿透云层能力差，夜间和雨天探测能力弱，而且地表植被遮挡也会影响光学探测效能，无法实现全天候、全时域天基探测。利用合成孔径雷达（SAR）技术进行探测可以弥补光学探测的系列短板。《合成孔径雷达卫星图像应用技术》一书从天基微波探测基本原理出发，系统总结了我国SAR卫星图像应用技术研究的成果，并结合案例介绍了近年来高速发展的高分辨率SAR卫星及其应用进展。与传统光学探测一样，天基微波探测技术也在不断迭代升级，干涉合成孔径雷达（InSAR）是一般SAR功能的延伸和拓展，利用多个雷达接收天线观测得到的回波数据进行干涉处理。《InSAR卫星编队对地观测技术》一书系统梳理了InSAR卫星编队对地观测系列关键问题，不仅全面介绍了InSAR卫星编队对地观测的原理、系统设计与数据处理技术，而且介绍了双星"变基线"干涉测量方法，呈现了当前国内最前沿的微波天基探测技术及其应用。

随着天基探测平台的不断成熟，天基探测已经广泛用于动目标探测、地球重力场探测、磁力场探测，甚至大气风场探测和海洋环境探测。重力场作为一种物理场源，一直是地球物理领域的重要研究内容，《低低跟踪卫星重力测量原理》一书从基础物理模型和数学模型角度出发，系统阐述了低低跟踪卫星重力测量理论和数据处理技术，同时对低低跟踪重力测量卫星设计的核心技术以及重力卫星反演地面重力场的理论和方法进行了全面总结。海洋卫星测高在研究地球形状和大小、海平面、海洋重力场等领域有着重要作用，《双星跟飞海洋测高原理及应用》一书紧跟国际卫星测高技术的最新发展，描述了双星跟飞卫星测高原理，并结合工程对双星跟飞海洋测高数据处理理论和方法进行了全面梳理。

天基探测技术离不开信息处理理论与技术，数据处理是影响后期天基探测产品成果质量的关键。《地球静止轨道高分辨率光学卫星遥感影像处理理论与技术》一书结合高分四号卫星可见光、多光谱和红外成像能力和探测数据，侧重梳理了静止轨道高分辨率卫星影像处理理论、技术、算法与应用，总结了算法研究成果和系统研制经验。《高分辨率光学遥感卫星影像精细三维重建模型与算法》一书以高分辨率遥感影像三维重建最新技术和算法为主线展开，对三维重建相关基础理论、模型算法进行了系统性梳理。两书共同呈现了当前天基探测信息处理技术的最新进展。

本丛书成体系地总结了我国天基探测的主要进展和成果，包含光学卫星摄影测量、微波测量以及重力测量等，不仅包括各类天基探测的基本物理原理和几何原理，也包括了各类天基探测数据处理理论、方法及其应用方面的研究进展。丛书旨在总结近年来天基探测理论和技术的研究成果，为后续发展起到推动作用。

期待更多有识之士阅读本丛书，并加入到天基探测的研究大军中。让我们携手共绘航天探测领域新蓝图。

2024 年 2 月

前　言

近年来高分辨率对地观测系统空前发展,已成为 21 世纪最具发展力的战略性高技术领域之一,更是国家核心竞争力的重要体现。高分辨率对地观测系统是一项复杂的整体性系统工程,大体上包括覆盖全球范围的多层次、多角度的探测系统,空天地一体化的多源遥感数据快速处理系统以及综合性应用和服务系统三大部分。近半个世纪以来,随着我国在地理空间信息探测体系上的大力投入和分阶段建设,我国空天地一体化的全球地理空间信息探测方面取得了长足的进展,以多源(多平台、多传感器、多角度)、高分辨率(光谱、空间、时间、辐射)为特点的高效、多样、快速、全天候、全天时、全球的多源遥感信息获取能力正在逐步形成。

多源遥感数据处理是将高分辨率遥感卫星的数据转换为信息、进而应用服务于各行各业的核心环节,其技术水平和能力制约着整个高分辨率对地观测系统整体效能的发挥。然而,长期以来受"重探测,轻处理"思想的影响,我国的遥感影像处理能力严重滞后,与遥感影像获取能力极度不匹配。目前,我国每天都以 TB 级的量级获取遥感影像数据,然而被处理应用的数据比例极低,造成极大的浪费。如何高效、快捷、精确地处理这些种类繁多、形式各异的海量数据,已成为自动化、智能化遥感数据处理领域面临的新技术挑战,并引起了广泛的关注。

西安测绘研究所摄影测量处理团队长期从事摄影测量及遥感处理理论、技术与应用研究,在遥感影像几何处理方面积累了深厚的技术基础。近十年来,在前期技术研究基础上,该团队重点开展了卫星影像通用传感器成像模型的精化、高精度定位、高精度核线影像生成、逐像素密集匹配、数字表面模型（DSM）融合处理、多视角卫星影像真三维重建等技术研究，不仅在遥感影像三维重建相关技术和算法方面取得了一系列创新成果，而且融合高性能并行计算技术，基于高性能计算平台，构建了一套多源遥感数据一体化处理系统，显著提高了遥感影像自动处理效率。本书对三维重建相关基础理论、模型算法进行了系统性梳理，其内容多为作者及其研究团队近年来在技术研究与工程应用实践工作中所取得的一系列研究成果的总结和提炼，同时也吸收了部分国内外同行和相关领域的研究成果，希望可以为业界同行提供借鉴，为高分辨率遥感卫星影像的高效率、高精度、自动化、规模化处理提供理论、技术和方法。

由于水平所限，书中难免存在不足之处，敬请专家和广大读者不吝指教。

作 者

2023 年 9 月

目 录

第1章 绪论 ··· 1

1.1 高分辨率光学遥感卫星影像三维重建的现状和发展趋势 ··· 2

1.2 高分辨率光学遥感卫星影像三维重建存在的问题 ··········· 3

参考文献 ··· 5

第2章 有理函数模型优化和应用 ··· 6

2.1 引言 ·· 6

2.2 基于有理函数模型的通用传感器模型 ······························ 8

  2.2.1 有理函数模型定义 ·· 8

  2.2.2 有理函数模型的应用 ·· 11

  2.2.3 有理函数模型的特性分析 ·· 18

2.3 基于有理函数模型的区域网平差 ····································· 19

  2.3.1 基于仿射变换的 RFM 区域网平差 ························ 19

  2.3.2 基于优化 RFM 的区域网平差 ································ 26

2.4 正反解 RFM 分析与应用 ··· 29

  2.4.1 RFM 两种模式分析 ··· 30

  2.4.2 对比试验和结果 ·· 31

  2.4.3 反解 RFM 特性分析与结论 ···································· 44

		2.4.4 RFM 反解模型的生成与应用 ·············· 45

2.5 卫星立体影像 RPC 相对误差改正方法 ·············· 51
    2.5.1 立体像对 RPC 误差改正方法 ·············· 52
    2.5.2 卫星影像匹配和 DSM 生成评估试验 ·············· 54

2.6 基于 RFM 的线阵卫星遥感影像水平纠正技术 ·············· 57
    2.6.1 卫星遥感影像水平纠正 ·············· 57
    2.6.2 试验与分析 ·············· 60

参考文献 ·············· 63

第3章 光学遥感卫星影像扩展核线模型的建立与应用 ·············· 67

3.1 引言 ·············· 67

3.2 经典的遥感卫星影像核线模型 ·············· 69
    3.2.1 中心投影影像核线模型的建立 ·············· 69
    3.2.2 核线模型的特性 ·············· 70

3.3 基于投影轨迹法的扩展核线模型 ·············· 71
    3.3.1 扩展核线模型的定义 ·············· 71
    3.3.2 扩展核线模型的定量分析 ·············· 72

3.4 核线影像的重采样 ·············· 88
    3.4.1 有理函数模型在投影轨迹法中的应用 ·············· 88
    3.4.2 基于平行核线的核线影像生成 ·············· 90
    3.4.3 基于几何纠正的核线影像生成 ·············· 93
    3.4.4 基于共面条件的核线影像生成 ·············· 98

3.5 高精度核线影像的生成 ·············· 102
    3.5.1 自适应分段线性拟合核线影像 ·············· 102
    3.5.2 分块核线影像生成 ·············· 106

参考文献 ·············· 111

第4章 高分辨率光学遥感卫星影像三维重建方法 ·············· 113

4.1 引言 ·············· 113

4.2 基于半全局匹配算法的影像匹配 ·············· 116
    4.2.1 基于互信息的匹配测度 ·············· 116

4.2.2　能量函数的定义 …………………………………… 117
　　4.2.3　动态规划方法的应用 ………………………………… 118
　　4.2.4　视差计算与优化 ……………………………………… 119
　　4.2.5　试验与结论 …………………………………………… 120
4.3　线特征约束的建筑物密集匹配边缘全局优化方法 ………… 123
　　4.3.1　基本原理 ……………………………………………… 125
　　4.3.2　建筑物边缘检测 ……………………………………… 127
　　4.3.3　全局能量函数设计 …………………………………… 127
　　4.3.4　连续最优解计算 ……………………………………… 131
　　4.3.5　试验与结果分析 ……………………………………… 132
4.4　高分七号卫星立体影像精细三维重建 ……………………… 137
　　4.4.1　立体像对的相对误差改正 …………………………… 139
　　4.4.2　立体像对的水平纠正方法 …………………………… 140
　　4.4.3　多测度半全局匹配算法优化 ………………………… 140
　　4.4.4　试验数据与方法 ……………………………………… 141
　　4.4.5　试验结果与分析 ……………………………………… 143
参考文献 …………………………………………………………… 148

第 5 章　多源 DSM 配准与融合　153

5.1　引言 ………………………………………………………… 153
5.2　多源 DSM 配准 …………………………………………… 154
　　5.2.1　配准模型 ……………………………………………… 155
　　5.2.2　试验结果 ……………………………………………… 156
　　5.2.3　分析结论 ……………………………………………… 159
5.3　多源 DSM 融合 …………………………………………… 160
　　5.3.1　同源 DSM 融合 ……………………………………… 160
　　5.3.2　异源 DSM 融合 ……………………………………… 161
　　5.3.3　试验结果与分析 ……………………………………… 161
5.4　CPU-GPU 协同的前方交会 ……………………………… 163
　　5.4.1　CPU 和 GPU 协同处理原理 ………………………… 163
　　5.4.2　基于 RFM 的前方交会原理 ………………………… 164

  5.4.3 基于 GPU 的前方交会方法 …………………………………… 165

  5.4.4 试验与分析 ……………………………………………………… 167

参考文献 ……………………………………………………………………… 168

第6章 多视角光学遥感卫星影像精细三维重建 …………………………… 170

 6.1 引言 ………………………………………………………………… 170

 6.2 多基线立体三维重建概述 ………………………………………… 174

  6.2.1 多基线前方交会 ………………………………………………… 175

  6.2.2 多基线前方交会精度分析 ……………………………………… 177

  6.2.3 多基线影像定位试验与分析 …………………………………… 177

 6.3 多视角光学遥感卫星影像三维重建总体设计 …………………… 180

  6.3.1 卫星影像的连接点快速匹配 …………………………………… 180

  6.3.2 RPC 全参数优化的区域网平差 ………………………………… 191

  6.3.3 立体像对的优化选择 …………………………………………… 199

  6.3.4 卫星影像的水平纠正 …………………………………………… 201

  6.3.5 分块核线影像生成 ……………………………………………… 202

  6.3.6 线特征约束的 SGM 密集匹配 ………………………………… 202

  6.3.7 纹理映射 ………………………………………………………… 202

 6.4 三维重建试验与分析 ……………………………………………… 206

  6.4.1 试验数据 ………………………………………………………… 206

  6.4.2 试验结果 ………………………………………………………… 207

  6.4.3 分析与总结 ……………………………………………………… 212

参考文献 ……………………………………………………………………… 212

第1章 绪 论

随着科学技术不断发展,航空航天遥感朝着多传感器、多平台、多角度和高空间分辨率、高光谱分辨率、高时间分辨率、高辐射分辨率等方向发展,遥感影像的获取手段不断丰富,摄影测量技术的发展面临新的机遇,同时也迎来了新的挑战:如何将多种传感器获取的多源遥感数据,快速有效地转化为服务于经济和社会以及国防建设所需的各种空间地理信息。传感器技术的发展为摄影测量应用提供了坚实的数据支撑,大数据、云计算、深度学习等技术的快速发展,则为摄影测量发展提供了强大的技术支持。在这种情况下,发展遥感数据处理的新理论,提高遥感数据的自动化水平,则是摄影测量技术发展的必然要求。

摄影测量是测绘学科的一个分支,它是对摄影机获取的影像(二维)进行量测,测定物体在三维空间的位置、形状、大小乃至物体的运动[1]。摄影测量处理过程的本质是从二维图像信息中恢复三维场景信息,因此也称为三维重建。摄影测量从模拟摄影测量开始,经历解析摄影测量,从20世纪90年代开始进入数字摄影测量时代。进入21世纪,数字摄影测量的发展面临新的挑战:一方面高分辨率卫星遥感影像、线阵与面阵航空数码相机、定位定姿系统(POS)等新一代传感器系统的广泛应用,特别是多视角航空摄影相机和多视角卫星影像的出现,使传统的一些理论、模型和算法已经无法适应新型遥感数据的处理需要[2-3];另一方面,遥感数据应用的广度和深度在不断拓展,各种应用对遥感影像的三维重建提出了更高的要求,这就要求摄影测量自身的理论进一步发展,才能满足各种应用对三维重建在精度、准确度、可靠性、时效性等方面的需求。

1.1 高分辨率光学遥感卫星影像三维重建的现状和发展趋势

高分辨率光学遥感卫星影像的三维重建主要包含两部分内容：确定影像解析关系（几何）和确定影像对应关系（同名点问题）。传统摄影测量关注的对象始终是影像解析关系，摄影测量进入数字摄影测量时代后，开始关注后者并取得重要进展。从目前的发展来看，确定影像解析关系的定向理论已经相对比较成熟，确定影像对应关系的问题正处在蓬勃发展的阶段[4-5]。

在影像的定向理论方面，空中三角测量理论成熟于传统航空影像的处理，从内定向、相对定向到绝对定向，从航带法、独立模型法到光束法区域网平差，从共线条件方程到直线线性变换，传统的基于控制点间接定位方式的定向理论已经非常完善。进入 21 世纪，高分辨率商业遥感卫星、常规航空数码相机、多视角倾斜摄影相机等新一代传感器，POS 的出现，对传统的定向理论提出了新的挑战：新型遥感数据源复杂成像方式使得传统的传感器模型不再适用或者不易应用；航空数码相机与 POS 的完美结合，使得传统间接定向的模式逐渐向直接定向的模式转变，对外业控制点的需求不断降低甚至无控，直接变革了传统影像外业控制测量的工艺流程；高分辨率商业遥感卫星影像的出现和各种非量测相机的应用使得卫星影像和航空相机的标定技术成为定向的重要内容；多视角航空摄影相机的出现，催化了无任何约束的自由网方式定向处理和多基线影像匹配技术的发展，使得基于密集点云的真三维重建成为研究热点；具有大角度侧摆能力的敏捷光学成像卫星的出现，使得利用卫星影像进行大范围实景三维重建成为现实。在这种情况下，各种新理论和算法应运而生，航空数码相机的各种自检校的空中三角测量平差算法、卫星影像在轨标定算法、无控或者稀少控制点的大区域卫星影像空中三角测量平差理论、多视角航空影像处理的 Bundler 和 PMVS 算法、具备逐像素密集匹配特点的全局性匹配算法等研究成果层出不穷。

在确定影像对应关系方面，作为一个病态问题，影响它的主要因素是信息丢失：首先是三维场景映射到二维图像时产生的信息丢失，比如场景中前面部分挡住了后面部分而产生的缺失；其次是突出地面的自然或者人工地物遮挡出现的阴影；最后是二维图像获取时，连续的场景点被采样成离散的图像像素点时产生的信息丢失。此外，还有光照条件、噪声干扰等问题，使得三维重建的可靠性很低。传统三维重建由于数据源影像分辨率较低、运算能力有限以及采用单基线立体成像方式，抽稀重建的三维表面点比较稀疏，对信息丢失的问题无有效的解决办法，并且仅能实现对描述宏观地形起伏的数字高程模型获取，对包含地物三维信息的数字表面模型尚无法描述，严格意义上这个过程仅是由二维重建2.5维。随着遥感影像分辨率的提高、多基线的立体成像方式以及处理手段的发展，遥感影像的三维重建发生了质的变化，真正实现了由二维重建三维的过程。高性能的网络计算资源不仅使逐像素的三维重建处理成为现实，而且在采用多基线立体成像方式下，可以改善信息丢失带来的病态问题。在这种条件下，三维重建的表面点可以稠密到逐像素进行处理，不仅使地形三维重建精度更高，而且使各种地物三维重建更细致和准确，三维重建的结果才可能由描述地形和地物顶部信息的2.5维的数字高程模型、数字表面模型、数字正射影像、真正射影像，向离散点云或者三角网形式的数字目标模型和附加的贴片纹理信息组成的实景三维场景转变。要实现这种转变，对三维重建的可靠性和效率提出了新的要求：不仅需要利用高分辨率的多基线遥感数据，利用信息冗余解决信息丢失带来的匹配不确定问题，而且要从方法上借鉴计算机视觉理论引入可靠性更高的匹配算法，提高三维重建的成功率，同时也需要利用高性能并行计算以及图形处理器（GPU）等计算资源实现多基线条件下逐像素精细三维重建的快速处理。

1.2 高分辨率光学遥感卫星影像三维重建存在的问题

近年来，随着"三多"（多平台、多传感器、多角度）和"四高"（光谱、空间、时间、辐射）为特点的天基多源遥感数据探测能力的逐步形成，航天遥感数据已经成为地理空间信息生产以及地理环境变化监测的主要数据源，天基遥感数据呈现出高/中/低空间分辨率、可见光、多/高光谱、合成孔径雷达共存的趋势。如何高效、快捷、精确地处理这些种类繁多、形式各异的海量数据，成为自动化、智能化遥感数据处理领域所面临的新的技术挑战。

（1）三维重建算法无法满足新型高分辨率遥感数据的处理需求。

目前，遥感数据处理已经进入信息化摄影测量时代，但受传统观念的影响，空中三角测量、影像匹配、前方交会、正射影像的纠正等多个过程，仍然延续传统的航空影像单基线的方式。随着我国航空航天对地观测体系的发展，多视角航空相机的日趋成熟，卫星成像能力不断提升，单星具备灵活机动的成像能力，多星组网使得重仿周期越来越短，同时多基线的遥感数据获取成为现实。同满足多基线处理要求的数据源相比，现有的处理技术和方法大多停留在"单基线"处理模式，已经不能适应数据源的需求。另外，现有遥感数据处理的三维重建算法主要针对传统的航空画幅式遥感影像。对于多种新型遥感数据尤其是卫星遥感影像，各种商业的遥感数据处理系统大部分是借鉴传统航空影像的模型和算法，针对不同的数据源在其基础上做了优化和改进，系统的设计和研发尚停留在对多种数据处理算法增量式集成的阶段，无法建立一体化的处理体系和框架，将多种遥感数据源的处理纳入同一完整的理论体系和技术框架下，这种模式处理算法的适用性和系统的稳定性较差，不仅很难发挥数据源的优势和潜力，而且对于遥感数据处理系统的升级、维护和完善带来极大不便。

（2）三维重建算法的精度有待提高。

遥感探测技术的发展，使得摄影测量的应用范围不断扩大。传统卫星摄影测量的处理主要停留在 1∶50000～1∶10000 中小比例尺空间地理信息产品的生产，现在随着遥感数据分辨率和精度的提高，可以扩展到 1∶5000，甚至 1∶2000 比例尺产品的生产。2021 年 12 月，美国政府已经许可商业遥感卫星公司对外销售 0.1m 分辨率的商业光学卫星图像。可以预测未来数年，0.1m 分辨率卫星影像的出现为期不远。现有的卫星处理技术基本满足 2m 以下分辨率影像的自动化处理和技术需求[5-7]。对于亚米级卫星影像，空间分辨率的提高，使得影像的信息量更丰富，地物的细节也得到更为充分的展示，但是地物的几何变形也更为明显，特别是高大建筑物的遮挡和阴影问题也更加突出，同时弱纹理区域、水域等特殊区域的影响也更为明显，给现有卫星影像处理环节包括区域网平差、立体匹配、正射影像处理等技术带来了新的难题和挑战。现有的卫星数据处理技术体系在应对亚米级卫星影像时普遍面临难度大、精度低和效率差的问题。更高分辨率的卫星影像和更大比例尺空间地理信息产品的生产，对卫星影像三维重建处理算法和模型提出了新的更高的要求。

（3）三维重建算法的可靠性有待改善。

在确定影像同名点的识别方面，核心的内容就是影像立体匹配，它不仅是摄影测量与遥感领域，而且也是计算机视觉领域非常热门的研究方向。立体匹配技术被普遍认为是立体视觉中最困难也是最关键的问题[8]，主要受以下因素的影响：①稀疏纹理。正确的匹配需要足够的图像信息，若对象表面纹理比较稀疏，则匹配过程易遭受噪声影响。②重复纹理。对于重复纹理，可能需要在变换域下才能获得正确的匹配，如图像经过傅里叶变换后，通过相位信息来区分。若纹理的重复间隔比视差的最大值还大，则其不再有问题。③深度不连续。深度不连续对应视差不连续，这表明有像素被遮挡。④遮挡区域的恢复。遮挡像素根本不可能存在真实的匹配，也就不能通过匹配代价来区分。经过三十多年的研究，目前立体匹配技术已经有了很大的发展，研究者已提出大量各具特色的匹配算法，关于影像匹配的技术和理论已经非常丰富，但由于立体匹配涉及的问题太多，至今仍然没有一种方法可以完美地解决立体匹配问题。现有的各种商业遥感数据处理系统，即使国际上最先进的遥感数据处理系统"像素工厂"，虽然自动化程度很高，但是在可靠性方面，即使采用多基线方式较好的遥感数据源，三维重建的过程也需要人工的干预，解决可靠性问题。现有的三维重建算法，针对各种遥感数据源，特别是在复杂场景中，算法的去歧义匹配和抗干扰能力有待提高，三维重建的可靠性尚待加强。只有解决了三维重建的可靠性，才能从根本上提升遥感数据处理的自动化程度。

参考文献

[1] 王之卓. 摄影测量原理 [M]. 武汉：武汉大学出版社, 2007.

[2] 张永生, 巩丹超, 刘军, 等. 高分辨率遥感卫星应用：成像模型、处理算法及应用技术 [M]. 北京：科学出版社, 2004.

[3] 张祖勋, 陶鹏杰. 谈大数据时代的云控制摄影测量 [J]. 测绘学报, 2017, 46（10）：1238-1248.

[4] 张永生, 张振超, 童晓冲, 等. 地理空间智能研究进展和面临的若干挑战 [J]. 测绘学报, 2021, 50（9）：1137-1146.

[5] 张永军, 张祖勋, 龚健雅. 天空地多源遥感数据的广义摄影测量学 [J]. 测绘学报, 2021, 50（1）：1-11.

[6] 张永军, 万一, 史文中, 等. 多源卫星影像的摄影测量遥感智能处理技术框架与初步实践 [J]. 测绘学报, 2021, 50（8），1068-1083.

[7] 江碧涛. 我国空间对地观测技术的发展与展望 [J]. 测绘学报, 2022, 51（7），1153-1159.

[8] 巩丹超. 高分辨率卫星遥感立体影像处理模型与算法 [D]. 郑州：信息工程大学, 2003.

第2章 有理函数模型优化和应用

2.1 引　言

　　传感器的成像几何模型反映的是地面点的三维空间坐标与相应像点的像坐标之间的数学关系，它通常分为两类：物理传感器模型和通用传感器模型。物理传感器模型通常考虑传感器成像特性，一般采用基于中心投影的共线条件方程，或者类共线方程；通用传感器模型与具体的传感器无关，直接以形式简单的数学函数描述地面点与相应像点之间的数学关系，如多项式、直接线性变换、仿射变换等。由于物理传感器模型描述了真实的物理成像关系，所以这种传感器模型在理论上是严密的。该类模型的建立涉及传感器物理构造、成像方式以及各种成像参数。在这类模型中，每个定向参数都有严格的物理意义，并且彼此是相互独立的。这类传感器模型适用于传统的空中三角测量处理，并且可以产生很高的定向精度。物理传感器模型是与传感器紧密相关的，因此不同类型的传感器需要不同的传感器模型。随着各种新型航空和航天传感器的出现，从应用的角度，为了处理这些新型传感器的数据，用户需要改变软件或者增加新的传感器模型，这给用户带来诸多不便。另外，物理传感器模型并非总能得到。物理传感器模型的建立需要传感器物理构造及成像方式等信息，但是为了保护技术秘密，一些高性能传感器的镜头构造、成像方式及卫星轨道等信息并未公开，因而用户不可能建立这些传感器的严格成像模型。传感器参数的保密性、成像几何模型的通用性以及更高的处理速度，均要求使用与具体传感器无关的、形式简单的通用传感器模型，以取代物理传感器模型完成摄影测量处理任务。在通用传感器模型中，目标空间和影像空间的转换关系可以通过一般的数学函数来描述，并且这些函数的建立不需要传感器成像的物理模型信息。这些函数可用多种形式，如多项式、直接线性变换等来表示。

1) 多项式模型

多项式传感器模型是一种简单的通用成像传感器模型，其原理直观明了，并且计算较为简单，特别是对地面相对平坦的情况，具有较好的精度。这种方法的基本思想是回避成像的几何过程，而直接对影像的变形本身进行数学模拟。把遥感图像的总体变形看作是平移、缩放、旋转、偏扭、弯曲，以及更高次的基本变形综合作用的结果。因此，纠正前后影像相应点之间的坐标关系可以用一个适当的多项式来表达。尽管该方法有不同程度的近似性，但对各种类型传感器都是普遍适用的。

常用的多项式模型有二维多项式和三维多项式两种：

$$\begin{cases} x = \sum_{i=0}^{m} \sum_{j=0}^{n} a_{ij} X^i Y^j \\ y = \sum_{i=0}^{m} \sum_{j=0}^{n} b_{ij} X^i Y^j \end{cases} \quad (2.1)$$

$$\begin{cases} x = \sum_{i=0}^{m} \sum_{j=0}^{n} \sum_{k=0}^{p} a_{ijk} X^i Y^j Z^k \\ y = \sum_{i=0}^{m} \sum_{j=0}^{n} \sum_{k=0}^{p} b_{ijk} X^i Y^j Z^k \end{cases} \quad (2.2)$$

式中：x、y 为像点坐标；X、Y、Z 为地面点坐标。这里多项式阶数一般不大于3，因为更高阶的多项式往往不能提高精度反而会引起参数的相关，造成模型定向精度的降低。

由于二维多项式函数不能真实描述影像形成过程中的误差来源以及地形起伏引起的变形，因此其应用只限于变形很小的图像，如垂直下视影像、小覆盖范围影像，或者平坦地区的图像。三维多项式模型是二维多项式的扩展，通过在多项式中增加与地形起伏相关的 Z 坐标。基于多项式的传感器模型，其定向精度与地面控制点的精度、分布和数量及实际地形有关。采用这种模型定向时，在控制点上拟合很好，但在其他点的内插值可能有明显偏离，而与相邻控制点不协调，即在某些点处产生振荡现象。

2) 直接线性变换

直接线性变换（Direct Linear Transformation，DLT）是直接建立像点坐标和空间坐标关系的一种数学变换式。这是一种典型的通用传感器模型。它不需要内外方位元素，具有表达形式简单、解算简便、无须初始值等特点。直接线性变换在近景摄影测量中对非量测型相机获取的影像处理时得到较多应用。随着线阵电荷耦合器件（CCD）推扫式传感器的面世，许多学者又开始将 DLT 引入星载 CCD 传感器的定向中，Y. Manadili 等[1]采用 DLT 对（SPOT）影像进行精纠正，用少量的控制点就可达到子像元的定位精度；F. Savopol 等[2]用 DLT 对印度卫星 IRS-1C 影像进行处理，在没有考虑系统误差的情况下定位误差也在一个像元之内；Wang[3]提出一种改进的直接线性变换模型如下：

$$\begin{cases} x = \dfrac{L_1 X + L_2 Y + L_3 Z + L_4}{L_9 X + L_{10} Y + L_{11} Z + 1} + L_{12} xy \\ y = \dfrac{L_5 X + L_6 Y + L_7 Z + L_8}{L_9 X + L_{10} Y + L_{11} Z + 1} \end{cases} \qquad (2.3)$$

这个模型只是在框幅式中心投影影像所适用的直接线性变换的基础上增加了一个坐标改正项 L_{12}，基于该模型的多幅影像的解析空中三角测量，既不需要传感器的内方位元素，也不需要传感器外方位元素的初值。

作为高阶有理函数的线性近似，DLT 模型显示出其局限性，特别是当卫星单帧影像的覆盖范围比较大时尤为突出。为了克服这个缺点，Wang 提出了分块 DLT 模型，相当于有理函数的局部化。其实验研究结果表明，对于线阵 CCD 推扫式影像来说，DLT 比较适合于覆盖范围较小的情况。

2.2 基于有理函数模型的通用传感器模型[4-5]

2.2.1 有理函数模型定义

有理函数模型（Rational Function Model，RFM）的理论在十几年前已经出现，IKONOS 卫星的成功发射推动了对有理函数模型的全面研究[6-19]。有理函数模型的应用已经相当成熟，并且成为光学遥感卫星影像的传感器模型标准。有理函数模型中，像点坐标 (r,c) 表示为含地面点坐标 (X,Y,Z) 的多项式的比值，即

$$\begin{cases} r_n = \dfrac{p_1(X_n, Y_n, Z_n)}{p_2(X_n, Y_n, Z_n)} \\ c_n = \dfrac{p_3(X_n, Y_n, Z_n)}{p_4(X_n, Y_n, Z_n)} \end{cases} \qquad (2.4)$$

式中：(r_n, c_n) 和 (X_n, Y_n, Z_n) 分别表示像点坐标和地面点坐标经平移和缩放后的标准化坐标，取值为 $-1.0 \sim 1.0$，其变换关系为

$$\begin{cases} X_n = \dfrac{X-X_0}{X_s} \\ Y_n = \dfrac{Y-Y_0}{Y_s} \\ Z_n = \dfrac{Z-Z_0}{Z_s} \end{cases}, \quad \begin{cases} r_n = \dfrac{r-r_0}{r_s} \\ c_n = \dfrac{c-c_0}{c_s} \end{cases}$$

式中：$(X_0, Y_0, Z_0, r_0, c_0)$ 为标准化的平移参数；$(X_s, Y_s, Z_s, r_s, c_s)$ 为标准化的缩放参数。RFM 采用标准化坐标的目的是减少计算过程中由于数据数量级差别过大引入的舍入误差。多项式中每一项的各个坐标分量 X、Y、Z 的幂最大不超过 3，每一项各个坐标分量的幂的总和也不超过 3（通常有 1、2、3 三种取值）。

多项式 $p_i(X_n, Y_n, Z_n)$（$i=1,2,3,4$）形式如下：

$$\begin{aligned} p_i(X_n, Y_n, Z_n) = & a_{i0} + a_{i1}Z_n + a_{i2}Y_n + a_{i3}X_n + a_{i4}Z_nY_n + a_{i5}Z_nX_n + a_{i6}Y_nX_n + a_{i7}Z_n^2 + \\ & a_{i8}Y_n^2 + a_{i9}X_n^2 + a_{i10}Z_nY_nX_n + a_{i11}Z_n^2Y_n + a_{i12}Z_n^2X_n + a_{i13}Y_n^2Z_n + a_{i14}Y_n^2X_n + \\ & a_{i15}Z_nX_n^2 + a_{i16}Y_nX_n^2 + a_{i17}Z_n^3 + a_{i18}Y_n^3 + a_{i19}Z_n^3 \end{aligned}$$

(2.5)

式（2.5）也可写成如下形式：

$$\begin{cases} r = \dfrac{(1 \ Z \ Y \ X \ \cdots \ Y^3 \ X^3) \cdot (a_0 \ a_1 \ \cdots \ a_{19})^{\mathrm{T}}}{(1 \ Z \ Y \ X \ \cdots \ Y^3 \ X^3) \cdot (1 \ b_1 \ \cdots \ b_{19})^{\mathrm{T}}} \\ c = \dfrac{(1 \ Z \ Y \ X \ \cdots \ Y^3 \ X^3) \cdot (c_0 \ c_1 \ \cdots \ c_{19})^{\mathrm{T}}}{(1 \ Z \ Y \ X \ \cdots \ Y^3 \ X^3) \cdot (1 \ d_1 \ \cdots \ d_{19})^{\mathrm{T}}} \end{cases}$$

(2.6)

式（2.6）多项式的系数称为有理函数系数（Rational Polynomial Coefficient，RPC）。在模型中由光学投影引起的畸变表示为一阶多项式，而像地球曲率、大气折射及镜头畸变等改正，可由二阶多项式趋近。高阶部分的其他未知畸变可用三阶多项式模拟。式（2.4）是 RFM 的正解形式，RFM 反解形式是用像点坐标表示地面点坐标。其反解的数学模型为

$$\begin{cases} X_n = \dfrac{p_5(r_n, c_n, Z_n)}{p_6(r_n, c_n, Z_n)} \\ Y_n = \dfrac{p_7(r_n, c_n, Z_n)}{p_8(r_n, c_n, Z_n)} \end{cases}$$

(2.7)

式中：多项式 $p_j(r_n, c_n, Z_n)$ $(j=5,6,7,8)$ 形式为

$$p_j(r_n, c_n, Z_n) = a_{j0} + a_{j1}Z_n + a_{j2}c_n + a_{j3}r_n + a_{j4}c_nZ_n + a_{j5}r_nZ_n + a_{j6}c_nr_n + a_{j7}Z_n^2 + \\ a_{j8}c_n^2 + a_{j9}r_n^2 + a_{j10}c_nr_nZ_n + a_{j11}c_n Z_n^2 + a_{j12}r_nZ_n^2 + a_{j13}c_n^2Z_n + \\ a_{j14}c_n^2r_n + a_{j15}r_n^2Z_n + a_{j16}cr_n^2 + a_{j17}Z_n^3 + a_{j18}c_n^3 + a_{j19}r_n^3$$

RFM 实质上是多项式模型的扩展形式。在引入 RFM 之前，先回顾一下传统的共线方程。

共线方程作为一种物理传感器模型，它描述了投影中心、地面点和相应像点共线的几何关系，因此需要考虑成像时的几何条件：传感器的姿态与投影中心的位置 (X_S, Y_S, Z_S)。传统的框幅式影像成像的共线方程为

$$\begin{cases} x = -f \dfrac{a_1(X-X_S) + b_1(Y-Y_S) + c_1(Z-Z_S)}{a_3(X-X_S) + b_3(Y-Y_S) + c_3(Z-Z_S)} \\ y = -f \dfrac{a_2(X-X_S) + b_2(Y-Y_S) + c_2(Z-Z_S)}{a_3(X-X_S) + b_3(Y-Y_S) + c_3(Z-Z_S)} \end{cases} \tag{2.8}$$

以 SPOT 为例，线阵列 CCD 推扫式图像的每一行影像的外方位元素是随时间变化的。通常可以用时间的多项式来描述。由于卫星在高空飞行时大气干扰很少，再加上采用惯性平台、跟踪恒星的姿态控制系统以及跟踪观测等先进技术，其姿态变化可以认为是相当平稳的。假设每一幅图像的像平面坐标原点在中央扫描行的中点，则可以认为每一扫描行的外方位元素是随着 x 值（飞行方向）变化的，其构像方程式可用如下的数学模型进行描述：

$$\begin{cases} 0 = -f \dfrac{a_1(X-X_{S_i}) + b_1(Y-Y_{S_i}) + c_1(Z-Z_{S_i})}{a_3(X-X_{S_i}) + b_3(Y-Y_{S_i}) + c_3(Z-Z_{S_i})} \\ y_i = -f \dfrac{a_2(X-X_{S_i}) + b_2(Y-Y_{S_i}) + c_2(Z-Z_{S_i})}{a_3(X-X_{S_i}) + b_3(Y-Y_{S_i}) + c_3(Z-Z_{S_i})} \end{cases} \tag{2.9}$$

$$\begin{cases} X_{S_i} = X_{S_0} + \dot{X}_S \cdot x \\ Y_{S_i} = Y_{S_0} + \dot{Y}_S \cdot x \\ Z_{S_i} = Z_{S_0} + \dot{Z}_S \cdot x \\ \varphi_i = \varphi_0 + \dot{\varphi} \cdot x \\ \omega_i = \omega_0 + \dot{\omega} \cdot x \\ \kappa_i = \kappa_0 + \dot{\kappa} \cdot x \end{cases} \tag{2.10}$$

式中：$(X_{S_0}, Y_{S_0}, Z_{S_0}, \varphi_0, \kappa_0, \omega_0)$ 为中央扫描行的外方位元素；$(\dot{X}_S, \dot{Y}_S, \dot{Z}_S, \dot{\varphi}, \dot{\omega}, \dot{\kappa})$ 为外方位元素的一阶变率。

从式（2.9）可以推出 DLT 的公式：

$$\begin{cases} x = \dfrac{A_1X+B_1Y+C_1Z+D_1}{A_3X+B_3Y+C_3Z+1} \\ y = \dfrac{A_2X+B_2Y+C_2Z+D_2}{A_3X+B_3Y+C_3Z+1} \end{cases} \quad (2.11)$$

将式（2.10）代入式（2.9），然后将外方位元素按泰勒级数展开，取一次项即可得

$$\begin{cases} x = A_1X+B_1Y+C_1Z+D_1 \\ y = \dfrac{A_2X+B_2Y+C_2Z+D_2}{A_3X+B_3Y+C_3Z+D_3} \end{cases} \quad (2.12)$$

从式（2.8）、式（2.11）及式（2.12）中可以发现 RFM 的雏形。与常用的多项式模型比较，RFM 实际上是多种传感器模型的一种更通用的表达方式，它适用于各类传感器，包括最新的航空和航天传感器模型。基于 RFM 的传感器模型并不要求了解传感器的实际构造和成像过程，因此它适用于不同类型的传感器，而且新型传感器只是改变了获取参数这一部分，应用上却独立于传感器的类型。

2.2.2 有理函数模型的应用

2.2.2.1 RFM 的控制方案

RPC 的解算既可以在严格传感器模型已知的条件下进行，也可以在未知条件下进行，因此它的解算有两种方案：与地形无关和与地形相关。如果严格的传感器模型是已知的，可以采用与地形无关的方案，否则 RFM 的解算只能采用与地形相关的方案而严格依靠控制点。

1) 与地形无关的解算方案

如果有严格的传感器模型可以利用，则可用该模型建立一组虚拟的三维目标格网点作为控制点来解算 RFM。这些格网点的坐标可以利用严格传感器模型计算得到（通常是利用像坐标和高程值计算地面点的平面位置，其中高程值的确定是在地面的起伏范围内，取若干高程面），而不需要实际的地形信息，因此这种解算方案与实际的地形无关。采用这种方案，可实现 RFM 对严

格传感器模型的高精度拟合，进而取代严格传感器模型完成摄影测量处理。根据获取三维目标格网点的不同可以分为两种方法。

（1）迭代法。基本思想是，首先把影像等分成 m 行 n 列，得到一系列像点，再把地形起伏范围均匀分成 k 层，得到（$k+1$）个等高程的面。然后利用平差后的外方位元素数据，按严格几何模型计算在不同高程面上像点的物方平面位置，由此产生了分布均匀的物方控制格网点数据，如图 2.1 所示。最后根据最小二乘原理解算 RPC。采用这种方案，可实现 RFM 对严格传感器模型的高精度拟合，进而取代严格传感器模型完成摄影测量处理。

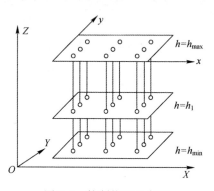

图 2.1 控制格网示意图

这种方案的解算步骤如下：

① 划分格网。格网点应均匀分布在像平面空间的整个区域，将整个影像分成 m 行 n 列，得到 $(m+1)(n+1)$ 个均匀分布的影像点。

② 高程分层。将整个覆盖区域的高程起伏范围分为 k 层（一般 $k>3$），每层具有相同的高程 Z，得到（$k+1$）个等高程面。

③ 三维格网点的解算利用已知的严格传感器模型，计算各像方格网点在每层等高程平面上对应的"地面点"的平面坐标 X、Y，从而得到 $(m+1)(n+1)(k+1)$ 个三维虚拟物方格网点的全部坐标。最终生成的三维虚拟物方格网点用于解算 RPC，它们的数量一般远超过所需的控制点数量，并且在平面和高程上均匀分布，因此能达到很高的拟合精度。

④ RPC 解算。用以上格网点作控制点，利用最小二乘平差方法解算 RPC。

⑤ 精度检查。采用新的格网划分方式重新生成一定数量均匀分布的地面格网点作为检查点，用解算出来的 RPC，计算这些目标格网点的位置或者相应像点的位置，通过比较 RPC 的解算结果和检查点即可确定解算精度。

(2) 交会法。这种方法与迭代法的过程类似，不同之处在于利用像点坐标(x,y)和高程h如何求解地面点格网坐标。这里确定地面格网点坐标不是利用严格传感器模型，而是求解投影中心和像点$P(x,y)$构成的向量在地心笛卡儿坐标系中的观测方向$\boldsymbol{u}_2$与高程为h的地球椭球的交点。交会原理如图 2.2 所示。

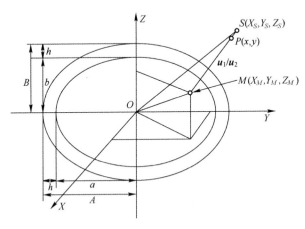

图 2.2 交会原理示意图

根据像点坐标和主距可以获取投影中心和像点$P(x,y)$构成的向量在像方空间坐标系的观测方向向量$\boldsymbol{u}_1=(x,y,-f)$，根据像方坐标系在地心坐标系中的姿态角（pitch，roll，yaw）构成的旋转矩阵将$\boldsymbol{u}_1$变换成地心坐标系内的观测方向向量$\boldsymbol{u}_2$。

地球椭球的数学方程为

$$\frac{X^2+Y^2}{A^2}+\frac{Z^2}{B^2}=1 \tag{2.13}$$

式中：$A=a+h$，$B=b+h$，其中a、b分别为$h=0$时地球椭球的长、短半轴。

假设$M(X_M,Y_M,Z_M)$为待求的地面点坐标，则P点符合下面的等式：

$$\mathbf{OM}=\mathbf{OS}+\mathbf{SM}=\mathbf{OS}+\lambda\mathbf{SP}$$

$$\begin{cases} X_M=X_S+\lambda\cdot(\boldsymbol{u}_2)_X \\ Y_M=Y_S+\lambda\cdot(\boldsymbol{u}_2)_Y \\ Z_M=Z_S+\lambda\cdot(\boldsymbol{u}_2)_Z \end{cases} \tag{2.14}$$

把式（2.14）代入式（2.13），求M的坐标即转换为求解下面的一元二次方程：

$$\left[\frac{(u_2)_X^2+(u_2)_Y^2}{A^2}+\frac{(u_2)_Z^2}{B^2}\right]\cdot\lambda^2+2\left[\frac{X_S(u_2)_X+Y_S(u_2)_Y}{A^2}+\frac{Z_S(u_2)_Z}{B^2}\right]\cdot\lambda+\left[\frac{X_S^2+Y_S^2}{A^2}+\frac{Z_S^2}{B^2}\right]=1$$

此方程有两个解，较小的解为待求的 λ 值，代入原方程得到 M 点的地心笛卡儿坐标 (X,Y,Z)，后将坐标转换为大地坐标。

2）地形相关的方案

如果没有严格传感器模型的定向参数，为了解算 RPC，必须通过从地图上量测或者野外实测的方式获取若干真实的地面控制点。在这种情况下，解法完全取决于实际的地形起伏以及控制点的数量与分布，因此这种方法与地形严格相关。当传感器的模型过于复杂很难建立或者精度要求不高的时候，这种方法已经被广泛地应用于摄影测量与遥感领域。

2.2.2.2 RFM 的求解

为了采用最小二乘原理求解 RFM，将式（2.4）线性化得出下面误差方程式：

$$\begin{cases}V_r=\left[\dfrac{1}{B}\quad\dfrac{Z}{B}\quad\dfrac{Y}{B}\quad\dfrac{X}{B}\quad\cdots\quad\dfrac{Y^3}{B}\quad\dfrac{X^3}{B}\quad\dfrac{-rZ}{B}\quad\dfrac{-rY}{B}\quad\dfrac{-rY^3}{B}\cdots\dfrac{-rX^3}{B}\right]\cdot J-\dfrac{r}{B}\\[2mm] V_c=\left[\dfrac{1}{D}\quad\dfrac{Z}{D}\quad\dfrac{Y}{D}\quad\dfrac{X}{D}\quad\cdots\quad\dfrac{Y^3}{D}\quad\dfrac{X^3}{D}\quad\dfrac{-rZ}{D}\quad\dfrac{-rY}{D}\quad\dfrac{-rY^3}{D}\cdots\dfrac{-rX^3}{D}\right]\cdot K-\dfrac{c}{D}\end{cases}$$

(2.15)

式中

$$\begin{cases}\boldsymbol{B}=(1\quad Z\quad Y\quad X\quad\cdots\quad Y^3\quad X^3)(1\quad b_1\quad\cdots\quad b_{19})^T\\ \boldsymbol{J}=(a_0\quad a_1\quad\cdots\quad a_{19}\quad b_1\quad b_2\quad\cdots\quad b_{19})^T\\ \boldsymbol{D}=(1\quad Z\quad Y\quad X\quad Y^3\quad X^3)(1\quad d_1\quad\cdots\quad d_{19})^T\\ \boldsymbol{K}=(c_0\quad c_1\quad\cdots\quad c_{19}\quad d_1\quad d_2\quad\cdots\quad d_{19})^T\end{cases}$$

将式（2.15）写成矩阵形式：

$$V=MJ-R$$

$$\begin{bmatrix}B_1V_{r_1}\\ B_2V_{r_2}\\ \vdots\\ B_nV_{r_n}\end{bmatrix}=\begin{bmatrix}1 & Z & \cdots & X_1^3 & -r_1Z_1 & -r_1X_1^3\\ 1 & Z & \cdots & X_2^3 & -r_2Z_2 & -r_2X_2^3\\ \vdots & \vdots & & \vdots & \vdots & \vdots\\ 1 & Z & \cdots & X_n^3 & -r_nZ_n & -r_nX_n^3\end{bmatrix}\cdot J-\begin{bmatrix}r_1\\ r_2\\ \vdots\\ r_n\end{bmatrix}$$

则法方程式为

$$M^{\mathrm{T}}W_rMJ=M^{\mathrm{T}}W_rR$$

式中

$$W_r=\begin{bmatrix}\dfrac{1}{B_1^2} & 0 & \cdots & 0 \\ 0 & \dfrac{1}{B_2^2} & 0 & \vdots \\ \vdots & 0 & \ddots & 0 \\ 0 & \cdots & 0 & \dfrac{1}{B_n^2}\end{bmatrix}$$

由于原始方程式是非线性的，故最小二乘的求解需要迭代进行，其中 W_r 取为单位阵可以解算出 J 的初值，然后迭代求解直至各改正数小于限差。这是求解行方向方程的过程，列方向与之类似。行列同时求解误差方程：

$$\begin{bmatrix}V_r\\V_c\end{bmatrix}=\begin{bmatrix}M & 0\\0 & N\end{bmatrix}\cdot\begin{bmatrix}J\\K\end{bmatrix}-\begin{bmatrix}R\\C\end{bmatrix} \tag{2.16}$$

法方程式为

$$V=TI-G$$
$$T^{\mathrm{T}}WTI=T^{\mathrm{T}}WG$$

式中

$$W=\begin{bmatrix}W_r & 0\\0 & W_c\end{bmatrix}$$

2.2.2.3 三维重建算法

1）基于正解形式的三维重建算法

对式（2.4）进行线性化，可以得到正解形式的误差方程：

$$\begin{cases}V_r=\begin{bmatrix}\dfrac{\partial r}{\partial Z_n} & \dfrac{\partial r}{\partial Y_n} & \dfrac{\partial r}{\partial X_n}\end{bmatrix}\begin{bmatrix}\Delta Z_n\\ \Delta Y_n\\ \Delta X_n\end{bmatrix}-(r-\hat{r})\\ V_c=\begin{bmatrix}\dfrac{\partial c}{\partial Z_n} & \dfrac{\partial c}{\partial Y_n} & \dfrac{\partial c}{\partial X_n}\end{bmatrix}\begin{bmatrix}\Delta Z_n\\ \Delta Y_n\\ \Delta X_n\end{bmatrix}-(c-\hat{c})\end{cases}$$

令

$$F(X_n,Y_n,Z_n)=\frac{p_1(X_n,Y_n,Z_n)}{p_2(X_n,Y_n,Z_n)}, \quad G(X_n,Y_n,Z_n)=\frac{p_3(X_n,Y_n,Z_n)}{p_4(X_n,Y_n,Z_n)}$$

则有

$$\begin{cases}
\dfrac{\partial r}{\partial X_n}=r_s\cdot\dfrac{\partial F}{\partial X_n}=r_s\cdot\dfrac{\dfrac{\partial p_1}{\partial X_n}\cdot p_2-p_1\cdot\dfrac{\partial p_2}{\partial X_n}}{p_2\cdot p_2} \\[2mm]
\dfrac{\partial r}{\partial Y_n}=r_s\cdot\dfrac{\partial F}{\partial Y_n}=r_s\cdot\dfrac{\dfrac{\partial p_1}{\partial Y_n}\cdot p_2-p_1\cdot\dfrac{\partial p_2}{\partial Y_n}}{p_2\cdot p_2} \\[2mm]
\dfrac{\partial r}{\partial Z_n}=r_s\cdot\dfrac{\partial F}{\partial Z_n}=r_s\cdot\dfrac{\dfrac{\partial p_1}{\partial Z_n}\cdot p_2-p_1\cdot\dfrac{\partial p_2}{\partial Z_n}}{p_2\cdot p_2} \\[2mm]
\dfrac{\partial c}{\partial X_n}=c_s\cdot\dfrac{\partial G}{\partial X_n}=c_s\cdot\dfrac{\dfrac{\partial p_3}{\partial X_n}\cdot p_4-p_3\cdot\dfrac{\partial p_4}{\partial X_n}}{p_4\cdot p_4} \\[2mm]
\dfrac{\partial c}{\partial Y_n}=c_s\cdot\dfrac{\partial G}{\partial Y_n}=c_s\cdot\dfrac{\dfrac{\partial p_3}{\partial Y_n}\cdot p_4-p_3\cdot\dfrac{\partial p_4}{\partial Y_n}}{p_4\cdot p_4} \\[2mm]
\dfrac{\partial c}{\partial Z_n}=c_s\cdot\dfrac{\partial G}{\partial Z_n}=c_s\cdot\dfrac{\dfrac{\partial p_3}{\partial Z_n}\cdot p_4-p_3\cdot\dfrac{\partial p_4}{\partial Z_n}}{p_4\cdot p_4}
\end{cases}$$

以 P_1 为例，各偏导数的形式为

$$\begin{cases}
\dfrac{\partial p_1(X_n,Y_n,Z_n)}{\partial X_n}=a_3+a_5 Z_n+a_6 Y_n+2a_9 X_n+a_{10}Z_n Y_n+a_{12}Z_n^2+ \\
\qquad\qquad a_{14}Y_n^2+2a_{15}Z_n X_n+2a_{16}Y_n X_n+3a_{19}X_n^2 \\[2mm]
\dfrac{\partial p_1(X_n,Y_n,Z_n)}{\partial Y_n}=a_2+a_4 Z_n+a_6 X_n+2a_8 Y_n+a_{10}Z_n X_n+a_{11}Z_n^2+ \\
\qquad\qquad 2a_{13}Y_n Z_n+2a_{14}Y_n X_n+a_{16}X_n^2+3a_{18}Y_n^2 \\[2mm]
\dfrac{\partial p_1(X_n,Y_n,Z_n)}{\partial Z_n}=a_1+a_4 Y_n+a_5 X_n+2a_7 Z_n+a_{10}Y_n X_n+2a_{11}Z_n Y_n+ \\
\qquad\qquad 2a_{12}Z_n X_n+a_{13}Y_n^2+a_{15}X_n^2+3a_{17}Z_n^2
\end{cases}$$

式中：$a_1, a_2, \cdots, a_{19}$ 为多项式 P_1 的系数。

将误差方程式法化并求解，得到坐标改正数 ΔX_n、ΔY_n、ΔZ_n，进行迭代处理，直到 ΔX_n、ΔY_n、ΔZ_n 达到给定的限差或迭代到一定的次数。

2）基于反解形式的三维重建算法

对于式（2.7），令

$$F'(r_n, c_n, Z_n) = \frac{p_5(r_n, c_n, Z_n)}{p_6(r_n, c_n, Z_n)}, \quad G'(r_n, c_n, Z_n) = \frac{p_7(r_n, c_n, Z_n)}{p_8(r_n, c_n, Z_n)}$$

则有

$$\begin{cases} X = X_s \cdot F'(r_n, c_n, Z_n) + X_0 \\ Y = Y_s \cdot G'(r_n, c_n, Z_n) + Y_0 \end{cases}$$

如果给定地面点高程的初始值 $Z^{(0)}$，把上式按泰勒级数展开，将平面坐标 X、Y 表示为高程改正数 ΔZ_n 的线性形式，则

$$\begin{cases} X \approx \hat{X} + \dfrac{\partial X}{\partial Z_n} \cdot \Delta Z_n = \hat{X} + X_s \cdot \dfrac{\partial F'}{\partial Z_n} \\ Y \approx \hat{Y} + \dfrac{\partial Y}{\partial Z_n} \cdot \Delta Z_n = \hat{Y} + Y_s \cdot \dfrac{\partial G'}{\partial Z_n} \end{cases}$$

式中

$$\frac{\partial F'}{\partial Z_n} = \frac{\dfrac{\partial p_5}{\partial Z_n} \cdot p_6 - \dfrac{\partial p_6}{\partial Z_n} \cdot p_5}{p_6 \cdot p_6}, \quad \frac{\partial G'}{\partial Z_n} = \frac{\dfrac{\partial p_7}{\partial Z_n} \cdot p_8 - \dfrac{\partial p_8}{\partial Z_n} \cdot p_7}{p_8 \cdot p_8}$$

$$\hat{X} = X_s \cdot F'(r_n, c_n, Z_n^{(0)}) + X_0 \quad \hat{Y} = Y_s \cdot G'(r_n, c_n, Z_n^{(0)}) + Y_0$$

以 P_5 为例，各偏导数的形式为

$$\frac{\partial p_5}{\partial Z_n} = a'_1 + a'_4 c_n + a'_5 r_n + 2a'_7 Z_n + a'_{10} c_n r_n + 2a'_{11} c_n Z_n + 2a'_{12} r_n Z_n + a'_{13} c_n^2 + a'_{15} r_n^2 + 3a'_{17} Z_n^2$$

式中：$a'_1, a'_2, \cdots, a'_{19}$ 为多项式 P_1 的系数。

于是，对于立体像对的一对同名像点 (r_1, c_1) 和 (r_r, c_r) 以及相应地面点的高程初始值 $Z^{(0)}$，有以下关系：

$$\begin{cases} X \approx \hat{X}_l + X_{Sl} \cdot \dfrac{\partial F'_l}{\partial Z_n} \\ Y \approx \hat{Y}_l + Y_{Sl} \cdot \dfrac{\partial G'_l}{\partial Z_n} \end{cases}, \quad \begin{cases} X \approx \hat{X}_r + X_{Sr} \cdot \dfrac{\partial F'_r}{\partial Z_n} \\ Y \approx \hat{Y}_r + Y_{Sr} \cdot \dfrac{\partial G'_r}{\partial Z_n} \end{cases}$$

将上式对应项相减，消去 X、Y，得高程改正数 ΔZ_n 的误差方程：

$$\begin{cases} V_X = \left(X_{Sr} \cdot \dfrac{\partial F'_r}{\partial Z_n} - X_{Sl} \cdot \dfrac{\partial F'_l}{\partial Z_n} \right) \cdot \Delta Z_n - (\hat{X}_r - \hat{X}_l) \\ V_Y = \left(Y_{Sr} \cdot \dfrac{\partial G'_r}{\partial Z_n} - Y_{Sl} \cdot \dfrac{\partial G'_l}{\partial Z_n} \right) \cdot \Delta Z_n - (\hat{Y}_r - \hat{Y}_l) \end{cases} \quad (2.17)$$

依据最小二乘原理将式（2.17）法化，解出 ΔZ_n，并用其修正高程 Z_n，迭代处理不断更新 Z_n 值，直到 ΔZ_n 达到给定的限差或迭代到一定的次数；最后根据高程 Z_n 和像点计算得到的地面坐标 X、Y。

通过比较两种形式 RFM 答解过程可以看出，正解形式的求解，需要求 12 个偏导数，涉及对 3 个坐标的求解，误差方程式形式相对复杂；而反解形式的求解则需要求解 4 个偏导数，并且误差方程式仅涉及对高程坐标的求解，误差方程式形式相对简单。

2.2.3 有理函数模型的特性分析

现有的研究表明：采用地形无关方式构建的有理函数模型，其拟合误差可以忽略，因此可以替代传感器严格成像模型完成摄影测量处理，并且计算的 RPC 隐藏了传感器成像信息，如镜头构造、成像方式、轨道信息等。同严格的传感器模型相比，RFM 主要有以下几个特点。

（1）RFM 可以均匀地分布拟合误差，不仅在地面控制点（GCP）拟合精度较高，在其他点的内插值也没有明显偏移，与相邻的地面控制点比较协调（不会产生振荡现象），能避免一般多项式模型计算中误差界限明显超过平均误差的现象。

（2）RFM 具有独立性，它拥有一个可变的坐标系，可以适应大多数坐标系统中的物方坐标，如地心坐标、地理坐标或者任何地图投影坐标系。有理函数允许有不同的地理参考坐标系，像点坐标也是任意的，并且不需要成像参数，这也是其能在遥感中得到广泛应用的重要原因。

（3）RFM 和物理传感器模型的本质区别在于：物理传感器模型对于每一个地面点和其相应的像点几何关系都严格成立，而 RFM 的函数关系从理论上讲只在 GCP 上是严格的，即有理函数的拟合曲面仅通过 GCP，不代表地面的真实起伏，而是以纯数学模型来拟合地形。

（4）RFM 与物理传感器模型比较有以下几个突出的优点。①一般性：适用于大多数传感器，其系数包含了各种因素的影响（传感器构造、地球曲率、大气折光、地球自转等），并且形式简单，对于非摄影测量专业人员尤为适合。②保密性：RFM 中隐含了传感器信息，并且从 RPC 很难精确反解传感器参数，采用这种模型，厂家不会担心其传感器设计参数信息被泄漏。③高效性：便于实时处理。利用 RFM，影像供应商仅需要提供给用户影像和相应的一组有理函数模型的系数，用户就可以避免涉及影像的前期处理，直接进行后续的相关处理过程。

2.3 基于有理函数模型的区域网平差

目前，光学卫星影像的 RFM 通常采用与地形无关的方式构建，其实质是对严格传感器模型成像的高精度数学拟合，这一拟合过程没有真实的地面控制点参与。由于建立严格成像模型所需的卫星位置和姿态参数不可避免地存在系统误差，所以由严格成像模型拟合求解出的 RFM 通常也含有明显的系统误差[20-38]，影响了其对地定位的精度。因此，有效改善或消除 RFM 的系统误差对于提高高分辨率卫星影像的定位精度具有十分重要的意义。国内外学者在补偿 RFM 系统误差方面做了深入的研究，目前根据所采用的模型可以分为两种方法：第一种是像方系统误差补偿方法，该方法通过建立地面坐标经 RFM 投影到影像上的像点与相应的量测像点间的某种多项式变换（最常用是仿射变换），利用一定数量的地面控制点纠正投影像点坐标和量测像点坐标之间的误差，从而提高 RFM 的定位精度。然而，像方补偿方法也有其局限性，这种方法虽然可以有效提高 RFM 的绝对定位精度，但是并没有从根本上消除 RFM 固有的系统误差，而是通过增加附加参数才能满足定位要求，尽管可以通过后处理方法将附加参数重新融入生成新的 RFM，但实际上一定程度上降低了 RFM 的适用性。第二种方法是不需要增加附加参数，直接优化部分 RPC 参数以补偿系统误差，通常是优化有理分式中分子的常数项和一次项。在商用软件"像素工厂"就是采用这种模式。目前，大多的研究集中在第一种像方系统误差的补偿方法。

2.3.1 基于仿射变换的 RFM 区域网平差[30-31]

2.3.1.1 区域网平差的数学模型

基于仿射变换的 RFM 区域网平差是将仿射变换模型应用于有理函数模

型，与基于共线方程的光束法空中三角测量的思想是一致的，即以一幅影像所组成的一束光线作为平差的基本单元，以 RFM 组合仿射变换作为平差的基础方程，通过各个光线束在空间的旋转和平移，使模型之间的连接点的光线实现最佳交会，并使整个区域最佳地纳入已知的控制点坐标系统中去。采用基于像方补偿方案能够很好地消除 RFM 系统误差对影像几何定位结果的影响，常用的基于仿射变换的像方补偿 RFM 为

$$\begin{cases} r_n = \dfrac{p_1(X_n, Y_n, Z_n)}{p_2(X_n, Y_n, Z_n)} + a_0 + a_1 r_n + a_2 c_n \\ c_n = \dfrac{p_3(X_n, Y_n, Z_n)}{p_4(X_n, Y_n, Z_n)} + b_0 + b_1 r_n + b_2 c_n \end{cases} \quad (2.18)$$

式中：$(a_0, a_1, a_2, b_0, b_1, b_2)$ 为影像的 6 个仿射变换参数，其中：平差参数 a_0 将吸收扫描方向上位置和姿态误差所引起的影像列方向上的误差；平差参数 b_0 将吸收飞行方向上位置和姿态误差所引起的影像行方向上的误差，由于影像的行一般对应于星载传感器的飞行方向，因此影像的行与每条 CCD 线阵的瞬时成像时间相关；平差参数 b_1 和 a_2 将吸收由星载全球定位系统（GPS）和惯性导航系统漂移误差所引起的影像误差；参数 a_1 和 b_2 则吸收由内定向参数误差而引起的影像误差。

2.3.1.2 区域网平差解算

以影像的仿射变换改正参数和连接点的地面坐标为未知数，由式（2.18）可得到区域网平差的误差方程为

$$\begin{cases} V_r = \dfrac{\partial r}{\partial a_0}\Delta a_0 + \dfrac{\partial r}{\partial a_1}\Delta a_1 + \dfrac{\partial r}{\partial a_2}\Delta a_2 + \dfrac{\partial r}{\partial X}\Delta X + \dfrac{\partial r}{\partial Y}\Delta Y + \dfrac{\partial r}{\partial Z}\Delta Z - (r - r_0) \\ V_c = \dfrac{\partial c}{\partial b_0}\Delta b_0 + \dfrac{\partial c}{\partial b_1}\Delta b_1 + \dfrac{\partial c}{\partial b_2}\Delta b_2 + \dfrac{\partial c}{\partial X}\Delta X + \dfrac{\partial c}{\partial Y}\Delta Y + \dfrac{\partial c}{\partial Z}\Delta Z - (c - c_0) \end{cases}$$

写成矩阵形式为

$$V = AX + L \quad (2.19)$$

式中

$$X = \begin{bmatrix} \Delta a_0 & \Delta a_1 & \Delta a_2 & \Delta b_0 & \Delta b_1 & \Delta b_2 & \Delta X & \Delta Y & \Delta Z \end{bmatrix}^\mathrm{T}$$

$$A = \begin{bmatrix} 1 & x & y & 0 & 0 & 0 & \dfrac{\partial r}{\partial X} & \dfrac{\partial r}{\partial Y} & \dfrac{\partial r}{\partial Z} \\ 0 & 0 & 0 & 1 & x & y & \dfrac{\partial n}{\partial X} & \dfrac{\partial n}{\partial Y} & \dfrac{\partial n}{\partial Z} \end{bmatrix}$$

$$L = \begin{bmatrix} r - \dfrac{p_1(X_n, Y_n, Z_n)}{p_2(X_n, Y_n, Z_n)} - a_0 - a_1 r_n - a_2 c_n \\ c - \dfrac{p_3(X_n, Y_n, Z_n)}{p_4(X_n, Y_n, Z_n)} - b_0 - b_1 r_n - b_2 c_n \end{bmatrix}$$

误差方程中包含两类未知数,分别为各影像的仿射变换参数改正数和连接点地面三维坐标的改正值,对于控制点,其误差方程中只需对仿射变换参数进行改正,而对于连接点,需要对仿射变换参数和其地面三维坐标同时进行改正。鉴于每一景影像都包括 6 个仿射变换参数。因此,若有 n 景影像,其中 m 个立体像对连接点,则需要求解($6n+3m$)个未知数,每一个立体像对连接点可以列出 4 个误差方程,因此理论上需要 k 个连接点,满足 $4k>6n+3m$,才能保证利用最小二乘原理求解未知数时误差方程有唯一解。实际解算中,由于定向参数较多,为保证在参数相关情况下误差方程解的稳定性,有必要对影像的定向参数引入"伪观测值"误差方程:$V=X+L$,其中的 L 为零向量。

按照上述误差方程,根据有理函数模型的 RPC、控制点坐标以及连接点坐标进行区域网平差,若限差能够满足要求,则平差结束;否则,对连接点地面坐标以及仿射变换参数进行改正后进行区域网平差迭代计算,直到区域网平差收敛为止;最后得到由原始 RPC 以及仿射变换六参数共同构成的区域网平差结果。

2.3.1.3 平差试验及其结果分析

1)试验数据

本节采用如图 2.3 所示的天绘一号卫星 1B 级影像产品作为试验数据,数据包含卫星影像和对应的 RPC 参数以及均匀分布的地面控制点数据。试验区域位于齐齐哈尔市西北,该测区共有相邻 2 轨数据,每轨 2 景数据,共含有 4 景前、下、后全色影像,总共 12 张影像,影像质量良好,区域内高差大约 500m。测区内通过人工外业 GPS 测量获取了 26 个地面控制点,均为明显地物点,大多位于道路交叉口的中心,平面和高程精度优于±0.1m。

2)试验过程

为了分析天绘一号卫星影像条带内部和条带之间的误差情况:首先对单景的前、下和后视 3 景影像进行区域网平差;其次对相邻的 4 景数据进行区

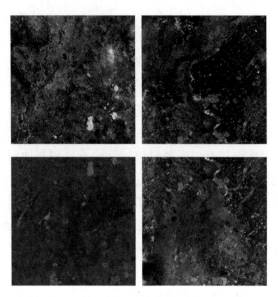

图 2.3 天绘一号卫星影像（4 景下视影像）

域网平差。在试验中，首先计算未平差条件下，多片前交的物方精度；然后采取不同控制点组合方案，用剩余控制点作为检查点来分析区域网平差的精度及控制点数量和分布的关系，即 0 点方案（无控制）、4 点方案（像控点位于影像四角）、6 点方案（4 个角点加影像中心的 2 点）和 18 点方案（基本均匀分布）。其相应的区域网平差结果见表 2.1 和表 2.2。试验结果的精度评定是针对检查点，根据平差所得到的各影像仿射变换参数、立体像对同名点量测坐标以及已知的 RPC 参数，根据空间前方交会原理求出同名点的三维坐标，然后与检查点的实际测量坐标进行比较。

表 2.1 单景三视区域网平差精度

平差方案	控制点数目/检查点数目	平面中误差/m	高程中误差/m
多片前交	0/26	4.263	8.729
0 点方案	0/26	4.264	8.728
4 点方案	4/22	4.724	2.781
6 点方案	6/20	4.328	2.153
多点方案	18/8	4.274	2.166

表 2.2　4 景区域网平差精度

平差方案	控制点数目/检查点数目	平面中误差/m	高程中误差/m
多片前交	0/26	6.700	6.952
0 点方案	0/26	6.684	6.964
4 点方案	4/22	6.153	4.613
6 点方案	6/20	4.706	3.696
多点方案	20/6	4.543	3.479

3) 试验结果和分析

从表 2.1 和表 2.2 的结果可以看出：在无控制点的情况下，无论是单条带影像，还是多条带影像，通过区域网平差，天绘一号卫星影像立体定位的精度基本没有改善。这是因为在无控制点情况下，通过区域网平差，利用连接点的信息，仅能改善影像定向的内部符合精度，并不会改善绝对定位精度；在有控制点情况下，无论单条带影像，还是多条带影像，区域网平差后，影像的立体定位精度总体上均有一定提高，特别是高程方向精度明显改善。这也说明天绘一号卫星影像条带内部和条带之间均存在一定的系统误差。至于 4 点方案相对 0 点方案增加控制点后，水平方向精度稍有降低，初步分析原因可能是控制点量测精度低引起的。尽管控制点的物方测量精度很高，但是从地面转刺到像点，即使选择明显的地面特征点，像点量测精度也很难达到子像素的精度。

2.3.1.4　基于仿射变换的有理函数模型精化

通过区域网平差可以提高影像的整体定位精度，但在传统 RPC 的基础上，又新增加了 6 个仿射变换系数，这样在实际应用中影响了 RFM 的通用性和标准化，给后续数据处理带来不便。本节以区域网平差结果为基础，结合获得的仿射变换参数和原先的 RPC，按照严格模型拟合 RFM 的方法，重新拟合生成一套新的 RPC，并通过试验分析总结拟合过程的精度情况。

1) RFM 精化原理

首先构建覆盖成像区域的层状虚拟格网（包括检查点和控制点格网），格网点在物方空间均匀分布于整景影像覆盖的平面区域，在物方的高程方向上以若干层均匀分布，其中高程的取值范围与实际的地形起伏基本一致；其次根据格网点的物方平面坐标和高程值，利用已有的 RFM 和平差后仿射变换系数，计算出像方坐标；然后利用控制点格网作为观测值，按照最小二乘平差的方法求解一组新的 RFM 参数；最后利用检查点格网数据对新生成的 RFM 参数进行精度分析和评估。由于利用严格传感器模型可以很方便实现由 (x,y,H) 计算 (X,Y)，但是利用正解模型则需要迭代求解，因此这里的格网点采用物方定义。

具体过程如图 2.4 所示。

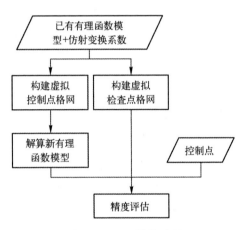

图 2.4　RFM 精化过程

2) 试验及结论

（1）试验数据。本节同样采用 2.3.1.3 节天绘一号卫星 1B 级影像产品作为试验数据，数据包含卫星影像和对应的 RPC 以及区域网平差后的仿射变换系数。平差采用商用软件 ERDAS IMAGINE 完成，有 26 个 GPS 测量控制点，选择 6 个作为控制点，20 个作为检查点。

（2）试验方法。在对上述 4 景影像进行有控区域网平差的基础上，用平差结果构建虚拟层状控制点格网（平面格网分布为 10×10，高程分层为 10 层，共计 1000 个点），利用格网点坐标，解算出一组新 RFM 系数；然后按照类似于虚拟层状控制点格网的生成方法生成检查点虚拟层状格网，将检查点利用新 RFM 计算的像点坐标，与已有 RFM 附加平差后仿射变换系数计算的像点坐标相比较，可以得出这一过程的内部拟合精度。另外，利用实际控制点作为检查点，对比分析新 RFM 与已有 RFM 附加仿射变换系数的精度，包括内部拟合精度和外部定位精度。对每一张影像，利用检查点的物方坐标计算出像方坐标，然后计算实际量测坐标与计算的像方坐标的差值，统计全部影像的所有点结果取均方根即内部拟合精度；对每一个检查点，利用其在对应影像上的像方坐标通过三视立体进行前方交会计算出物方坐标，然后计算实际量测坐标与解算的物方坐标差值，统计所有的结果取均方根即外部定位精度。

（3）试验结果。表2.3列出了两景影像平差结果的仿射变换系数。表2.4列出了两景影像拟合后的内部精度结果对比。表2.5是利用实际20个检查点对4景影像RFM精化前后外部精度的对比统计结果。

表2.3 两景影像区域网平差的结果（仿射变换系数）

景号		前 视	下 视	后 视
第1景	a_0	0.379	0.867	0.387
	a_1	$-1.420×10^{-4}$	$-1.102×10^{-4}$	$-1.587×10^{-4}$
	a_2	$3.818×10^{-5}$	$1.010×10^{-5}$	$3.8034×10^{-5}$
	b_0	0.919	-0.326	-0.554
	b_1	$-2.427×10^{-5}$	$-4.230×10^{-5}$	$1.175×10^{-5}$
	b_2	$2.464×10^{-5}$	$-1.521×10^{-5}$	$-5.705×10^{-5}$
第2景	a_0	1.439	-1.228	-2.061
	a_1	$-4.452×10^{-4}$	$-2.078×10^{-4}$	$-1.326×10^{-4}$
	a_2	$-1.400×10^{-4}$	$7.003×10^{-4}$	$7.989×10^{-4}$
	b_0	-0.389	4.664	4.273
	b_1	$8.792×10^{-5}$	$-3.407×10^{-5}$	$1.284×10^{-4}$
	b_2	$4.596×10^{-4}$	$-5.660×10^{-4}$	$2.024×10^{-4}$

表2.4 两景影像精化后的内部拟合精度

单位：pixel

景号/视图		检查点格网				控制点格网			
		x_{max}	y_{max}	x_{rms}	y_{rms}	x_{max}	y_{max}	x_{rms}	y_{rms}
第1景	前视	$1.827×10^{-4}$	$1.769×10^{-4}$	$1.475×10^{-6}$	$1.493×10^{-6}$	$1.080×10^{-4}$	$1.099×10^{-4}$	$1.332×10^{-6}$	$1.332×10^{-6}$
	下视	$1.870×10^{-4}$	$1.783×10^{-4}$	$1.481×10^{-6}$	$1.472×10^{-6}$	$1.089×10^{-4}$	$1.078×10^{-4}$	$1.335×10^{-6}$	$1.327×10^{-6}$
	后视	$1.852×10^{-4}$	$1.663×10^{-4}$	$1.473×10^{-6}$	$1.459×10^{-6}$	$1.090×10^{-4}$	$1.108×10^{-4}$	$1.329×10^{-6}$	$1.343×10^{-6}$
第2景	前视	$1.928×10^{-4}$	$1.690×10^{-4}$	$1.484×10^{-6}$	$1.464×10^{-6}$	$1.105×10^{-4}$	$1.095×10^{-4}$	$1.333×10^{-6}$	$1.330×10^{-6}$
	下视	$1.811×10^{-4}$	$1.792×10^{-4}$	$1.474×10^{-6}$	$1.473×10^{-6}$	$1.082×10^{-4}$	$1.076×10^{-4}$	$1.332×10^{-6}$	$1.325×10^{-6}$
	后视	$1.852×10^{-4}$	$1.845×10^{-4}$	$1.470×10^{-6}$	$1.524×10^{-6}$	$1.090×10^{-4}$	$1.112×10^{-4}$	$1.327×10^{-6}$	$1.341×10^{-6}$

表 2.5 RFM 精化前后外部定位精度对比

模型	像方误差/pixel		物方误差/m		
	x_{rms}	y_{rms}	X_{rms}	Y_{rms}	Z_{rms}
仿射变换+RPC 模型	0.579743	0.537943	1.422450	4.075529	1.899551
新 RPC 模型	0.579738	0.537960	1.422955	4.075501	1.899922

(4) 分析和结论。从表 2.4 内部符合情况来看,检查点的拟合精度可以达到 10^{-4} pixel,拟合误差基本忽略不计;从表 2.5 外部精度结果来看,利用实际的检查点,发现精化后的仿射变换附加 RFM 的定位模型与重新构建的 RFM 模型精度基本一致,也进一步验证了该拟合过程基本不引入误差。另外对比天绘一号卫星无控定位的相关文献[6],可以看出,在有控制点条件下天绘一号影像平差结果 X 方向与 Y 方向精度有较大差异,X 方向较好,Y 方向较差,而 Z 方向也有显著提高。初步分析主要原因是 X 方向为线阵 CCD 排列方向,是严格中心投影关系,而 Y 方向为卫星飞行方向,是多中心投影或者近似平行投影的关系。

通过上述分析可以得出,对于天绘一号卫星影像,经过区域网平差后生成一组新的有理函数模型参数,是完全可以替代原先的复合式定向参数(有理函数模型系数和仿射变换系数)。本节针对天绘一号卫星影像基于仿射变换的区域网平差结果,借鉴严格几何模型拟合 RFM 的方法,将平差结果重新拟合形成一套新的 RFM,以实现对已有 RFM 的精化。试验结果验证了该方法的正确性和可行性,也进一步说明了有理函数良好的拟合特性。通过精化处理,可以简化定向参数的形式,这样符合 RFM 建立和应用的初衷:通用性和标准化,对后续的处理应用提供便利。

2.3.2 基于优化 RFM 的区域网平差

2.3.2.1 基本原理

在众多 RFM 系统误差补偿方法中,像方补偿方法最具代表性,它在 RFM 的像方空间增加了一个多项式变换表达的系统误差补偿模型。这种方法尽管可以改善 RFM 的精度,但本身并没有消除 RFM 的内部误差,并且影响了 RFM 的通用性。因此,学者们的另一种思路则是直接修正 RPC 部分参数。在该方法中,以每景原始 RPC 模型参数作为初始值,采用区域网平差的方式在无控或者稀少控制的条件下,改正每景影像的 RPC 模型分子的常数项及部分一次项系数，构建出一组新的 RPC 模型进行后续目标定位。以实际卫星影像为例的试验表明，在区域网平差试验中，项目的平差方法可以有效消除卫星影像 RFM 的系统误差，相比传统的区域网平差方法具有更高的定位精度和更强的适用性。

2.3.2.2 数学模型

目前优化 RFM 的方法，最常用的是优化 RFM 分子的常数项和含 X、Y 的一次项系数。下面给出优化 RFM 分子的常数项和一次项系数的过程。对每一个连接点，以影像的 6 个 RPC 改正参数和连接点地面坐标为未知数，可得到误差方程为

$$\begin{cases} V_r = \dfrac{\partial p_1}{\partial a_1}\Delta a_1 + \dfrac{\partial p_1}{\partial a_2}\Delta a_2 + \dfrac{\partial p_1}{\partial a_3}\Delta a_3 + \dfrac{\partial p_1}{\partial X}\Delta X + \dfrac{\partial p_1}{\partial Y}\Delta Y + \dfrac{\partial p_1}{\partial Z}\Delta Z - (r-r^0) \\ V_c = \dfrac{\partial p_3}{\partial c_1}\Delta c_1 + \dfrac{\partial p_3}{\partial c_2}\Delta c_2 + \dfrac{\partial p_3}{\partial c_3}\Delta c_3 + \dfrac{\partial p_3}{\partial X}\Delta X + \dfrac{\partial p_3}{\partial Y}\Delta Y + \dfrac{\partial p_3}{\partial Z}\Delta Z - (c-c^0) \end{cases} \quad (2.20)$$

对每一个控制点，以影像的 6 个 RPC 改正参数为未知数，可得到误差方程为

$$\begin{cases} V_r = \dfrac{\partial p_1}{\partial a_1}\Delta a_1 + \dfrac{\partial p_1}{\partial a_2}\Delta a_2 + \dfrac{\partial p_1}{\partial a_3}\Delta a_3 - (r-r^0) \\ V_c = \dfrac{\partial p_3}{\partial c_1}\Delta c_1 + \dfrac{\partial p_3}{\partial c_2}\Delta c_2 + \dfrac{\partial p_3}{\partial c_3}\Delta c_3 - (c-c^0) \end{cases} \quad (2.21)$$

式中：Δa_1、Δa_2、Δa_3 和 Δc_1、Δc_2、Δc_3 为 RPC 两个分子系数中的常数项；X、Y 为一次项系数的改正数。

则 n 个控制点情况下可得下列误差方程式：

$$\begin{bmatrix} V_{r_1} \\ V_{c_1} \\ \vdots \\ V_{r_n} \\ V_{c_n} \end{bmatrix} = \begin{bmatrix} \dfrac{\partial p_1}{\partial a_1} & \dfrac{\partial p_1}{\partial a_2} & \dfrac{\partial p_1}{\partial a_3} & 0 & 0 & 0 \\ 0 & 0 & 0 & \dfrac{\partial p_3}{\partial c_0} & \dfrac{\partial p_3}{\partial c_2} & \dfrac{\partial p_3}{\partial c_3} \\ \vdots & \vdots & \vdots & \vdots & \vdots & \vdots \\ \dfrac{\partial p_1}{\partial a_1} & \dfrac{\partial p_1}{\partial a_2} & \dfrac{\partial p_1}{\partial a_3} & 0 & 0 & 0 \\ 0 & 0 & 0 & \dfrac{\partial p_3}{\partial c_0} & \dfrac{\partial p_3}{\partial c_2} & \dfrac{\partial p_3}{\partial c_3} \end{bmatrix} \begin{bmatrix} a_0 \\ a_2 \\ a_3 \\ c_0 \\ c_2 \\ c_3 \end{bmatrix} - \begin{bmatrix} r_1 - r_1^0 \\ c_1 - c_1^0 \\ \vdots \\ r_n - r_n^0 \\ c_n - c_n^0 \end{bmatrix} \quad (2.22)$$

式（2.22）的误差方程式可简写为

$$V = AX - l$$

误差方程中包含两类未知数，分别为各影像的 RPC 改正数和连接点地面三维坐标的改正值，对于控制点，其误差方程中只需对 RPC 进行改正，而对于连接点，需要对 RPC 和其地面三维坐标同时进行改正。鉴于每一景影像都包括 6 个 RPC 改正参数，因此，若有 n 景影像，其中有 m 个立体像对连接点，则需要求解（$6n+3m$）个未知数，每一个立体像对连接点可以列出 4 个误差方程，因此理论上需要 $4k>6n+3m$，才能保证利用最小二乘原理求解未知数时误差方程有唯一解。

按照上述误差模型，求得改正数后，将原始 RPC 分子常数项和含 X、Y 的一次项加上求得的改正数得到一组新的 RPC，由于解算 6 个 RPC 参数采用的数学模型是线性化后的模型，获取最优解需要进行迭代，直到每次未知数的改正数小于限差，区域网平差收敛为止。

研究表明，这种方法可以达到与传统像方补偿一致的定位精度。这种方法的优点在于通过平差直接消除了影像 RFM 本身的系统误差，并且不会增加一套附加的定向参数，较好地保证了 RFM 的通用性和实用性。

2.3.2.3 试验与分析

试验采用与 2.3.1.3 节同样的天绘一号卫星 1B 级影像产品数据，包含卫星影像和对应的 RPC 参数以及均匀分布的地面控制点数据。试验区域位于齐齐哈尔市西北，测区共有相邻 2 轨数据，每轨 2 景数据，共含有 4 景前、下、后全色影像，总共 12 景影像，影像质量良好。两套数据的控制点均通过人工外业 GPS 测量获取，均为明显地物点，大多位于道路交叉口的中心。

为了分析优化 RPC 参数的区域网平差精度特性，将其与传统的基于像方补偿的区域网平差方法进行对比。采取不同控制点组合方案，用剩余控制点作为检查点来分析区域网平差的精度，其相应的区域网平差结果见图 2.5。试验结果的精度评定是针对检查点，根据平差所得到的各影像仿射变换参数或者 RPC 改正数、立体像对同名点量测坐标以及已知的 RPC 参数，再根据空间前方交会原理求出同名点的三维坐标，然后与检查点的实际测量坐标进行比较。

根据试验可知，在相同控制点数量下，项目平差方法的定位精度相比传统区域网平差方法有所提高，表明了优化 RPC 参数的补偿方法能有效消除卫

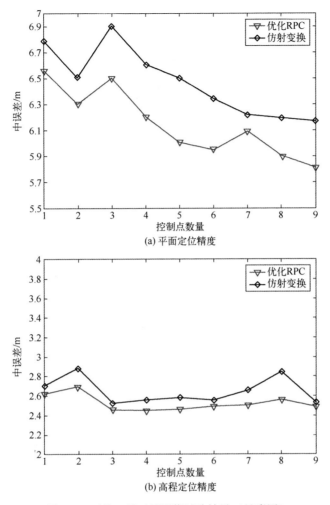

图 2.5 天绘一号卫星影像试验结果（见彩图）

星影像 RFM 的系统误差，将其运用于 RFM 区域网平差中可以取得更高的定位精度。另外，随着控制点数量的增加，项目提出的优化 RPC 模型区域网平差的定位精度在平面和高程上的变化趋势与传统区域网平差类似，但项目平差方法的变化更加平缓，说明项目平差方法更不易受控制点分布和自身误差的影响，具有更强的适用性。

2.4 正反解 RFM 分析与应用[39-40]

有理函数模型通常有两种形式：用物方坐标表示像方坐标的 RFM 正解形

式和用像方坐标表示物方坐标的 RFM 反解形式。目前大多数卫星遥感影像均采用物方坐标表示像方坐标的 RFM 正解形式，对于用像方坐标表示物方坐标的反解形式 RFM，应用较少。法国的商业遥感卫星 Pleiades 率先在影像标准产品中使用两种形式的 RFM，即 Direct_Model 和 Inverse_Model。本节借鉴 Pleiades 卫星关于 RFM 的应用，讨论两种形式的模型在遥感数据处理中的应用特点，重点分析正反解两种形式的传感器模型在前方交会处理运算效率和精度方面的差异，进一步总结 RFM 的实际应用特性，为国产亚米级高精度遥感卫星数据的应用提供技术支撑。

2.4.1 RFM 两种模式分析

传统共线条件方程的应用贯穿遥感数据处理的完整过程，包括相对定向、绝对定向、空间后方交会、区域网平差、前方交会、正射影像生成。其主要任务是实现物像或者像物间的坐标转换。RFM 同共线条件方程类似，主要应用在区域网平差、前方交会、正射影像生成等环节。利用 RFM 进行坐标变换主要有两类：①由地面点坐标计算像点坐标，主要是在正射纠正环节和物方影像匹配，这种方式用正解模型直接高效，使用反解模型求解则需迭代求解；②由像点坐标计算地面点坐标，包括由立体像对的同名像点坐标计算地面点坐标，或由单片的像点坐标附加高程信息计算地面点的平面坐标。前者主要应用在前方交会生成 DSM 环节，后者主要应用在单片定位和像方影像匹配当中，单片定位是在外部数字高程模型（DEM）/DSM 的支持下实现影像单点定位，而像方影像匹配中需要根据左像的像点坐标和预测地面点高程，计算出地面点坐标，将其投影到右像上，可以预测右像上的匹配点位。对于前方交会，两种方式均需要最小二乘迭代计算；对于单片纠正和像方影像匹配，反解模型直接计算，正解模型则需迭代求解；对于正射纠正和物方影像匹配，正解模型直接计算，反解模型则需迭代求解。

分析正反解 RFM 的应用过程，可以发现两种形式的应用各有优缺点，如表 2.6 所列，在正射纠正和物方匹配环节适用正解模型，在单片定位和像方匹配环节，则适用反解模型。而在应用较多的前方交会立体定位环节，两种形式均可实现应用，那么两种形式的前方交会在收敛特性、精度和计算效率等方面有什么差别呢？下面结合两套实际数据进行试验和分析。

表 2.6 正反解模型应用比较

RFM		像点计算地面点（三维重建）		地面点计算像点（正射纠正和物方匹配）
		前方交会	单片定位/像方匹配	
正解模型	解算方式	最小二乘迭代	最小二乘迭代	直接计算
	计算效率	低	低	高
反解模型	解算方式	最小二乘迭代	直接计算	最小二乘迭代
	计算效率	低	高	低

2.4.2 对比试验和结果

2.4.2.1 试验数据

1）数据 1

数据 1 为福建地区的法国商业 Pleiades 遥感卫星同轨全色立体影像数据，如图 2.6 所示。成像时间为 2013 年 4 月 20 日，覆盖区域内地形高差为 1000m 左右，影像数据附带有正解和反解两种形式的 RFM。

(a) 左像 (b) 右像

图 2.6 福建地区立体影像数据

2）数据 2

数据 2 为天绘一号卫星三线阵影像的前视、后视影像，如图 2.7 所示。成像时间为 2015 年 4 月 28 日，覆盖区域为陕西宝鸡地区，地形高差约 2200m，影像数据附带有正解和反解 RFM。其中反解模型 RFM 同样是根据传感器严格模型高精度拟合生成。

(a) 左像　　　　　　　　　(b) 右像

图 2.7　宝鸡地区立体影像数据

2.4.2.2　收敛特性试验

1）试验方案

对于非线性方程的最小二乘平差解算，未知数的初值和迭代阈值的选择，都会影响方程的收敛特性。根据已有研究和 RFM 实际应用经验，对于正解模型，坐标改正数（$\Delta X, \Delta Y, \Delta Z$）的迭代阈值通常设置为 1×10^{-10}、1×10^{-9}、1×10^{-8}，该阈值可以保持较高的精度，同时解算也比较稳定，另外通常会选择 RFM 系数中地面坐标的偏移参数作为地面坐标的初值[10-11]。对试验数据 1，在立体像对左右影像人工量测 12 对同名像点；对试验数据 2，在前视、后视影像量测 24 对同名像点。两组点均基本均匀分布在像幅范围内，如图 2.8 和图 2.9 所示。对两组数据分别利用正、反解模型进行同名像点的空间前方交会，参考正解模型的参数设置，先后对比分析地面 ΔZ 迭代阈值为三种情况（1×10^{-7}，1×10^{-8}，1×10^{-9}）、地面坐标 Z 初值为两种情况（HEIGHT_OFF，9999）时前方交会收敛情况，其中 HEIGHT_OFF 为 RFM 中高程平移参数，代表地面平均高程，选择 9999 相当于给定任意值作为初值。

另外针对反解模型迭代次数在 3~5 次范围的情况，利用数据 1 和数据 2 重点分析了地面点真实 Z 坐标与 Z 坐标初值间高差与迭代次数的关系。其中 ΔZ 迭代阈值为 1×10^{-8}，Z 坐标初值为 HEIGHT_OFF。

2）试验结果

图 2.10、图 2.11 分别为数据 1 和数据 2 在 ΔZ 迭代阈值为 1×10^{-7}、1×10^{-8}、1×10^{-9} 时的收敛次数，其中地面坐标 Z 初值设置为 HEIGHT_OFF。图 2.12、图 2.13 为数据 1 和数据 2 在地面坐标 Z 初值设置为 HEIGHT_OFF 和

9999 的收敛次数，其中 ΔZ 迭代阈值设置为 1×10^{-8}。图 2.14 为数据 1 和数据 2 地面点真实 Z 坐标与 Z 坐标初值间高差与迭代次数的关系图。

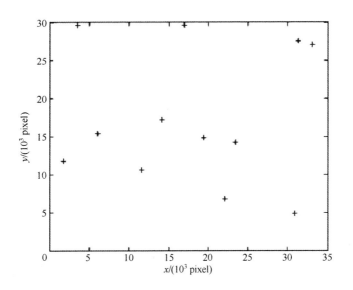

图 2.8　数据 1 点位分布图

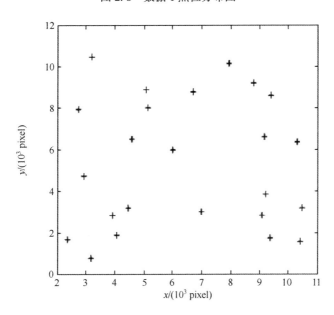

图 2.9　数据 2 点位分布图

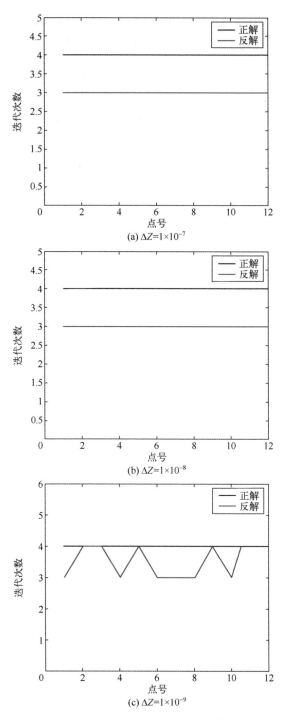

图 2.10 数据 1 不同迭代阈值的迭代次数（见彩图）

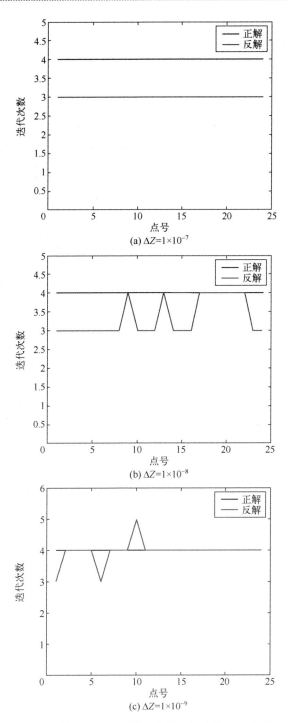

图 2.11 数据 2 不同迭代阈值的迭代次数（见彩图）

2.4.2.3 定位精度试验

1) 试验方案

收敛特性试验表明反解 RFM 迭代次数通常是 3~4 次,并且迭代次数与迭代阈值以及 Z 坐标的初值有关。迭代阈值实际上不仅会影响解算的收敛特性,而且会影响解算的精度。首先利用数据 1 和数据 2 对比分析正解和反解模型在 ΔZ 坐标迭代阈值为 1×10^{-7}、1×10^{-8} 和 1×10^{-9} 时的精度情况,然后在迭代阈

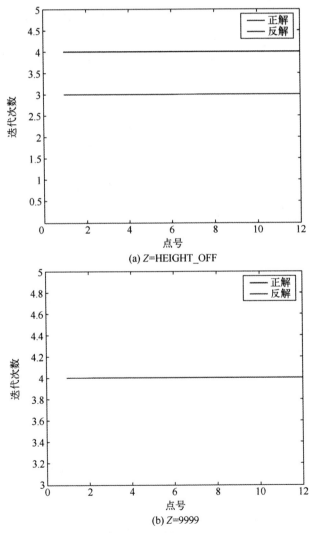

图 2.12 数据 1 不同 Z 坐标初值的迭代次数(见彩图)

值设置为 1×10^{-8} 情况下，重点对比正解和反解 RFM 前方交会的精度差异。具体过程如下：

（1）利用上文收敛特性试验中的同名像点数据，根据正解 RFM 或反解模型 RFM，进行同名像点坐标的空间前方交会，得到其对应的地面坐标；

（2）将前方交会的地面坐标按照每幅影像的正解 RFM 计算得到相应像点坐标；

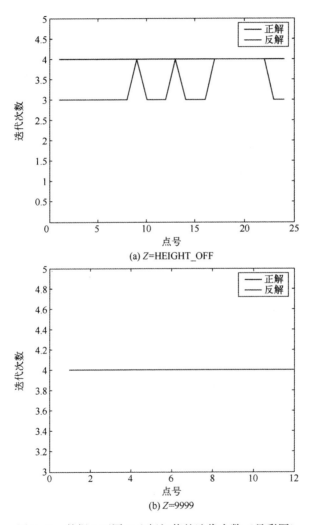

图 2.13 数据 2 不同 Z 坐标初值的迭代次数（见彩图）

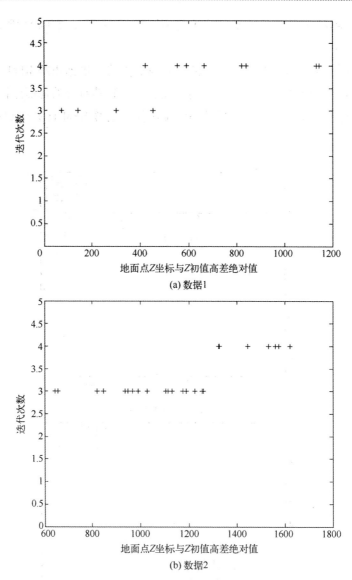

图 2.14 地面点 Z 坐标和 Z 坐标初值间高差与迭代次数关系（见彩图）

（3）对比计算的像点坐标与原始量测坐标，分析正解和反解 RFM 精度差异。

对于精度的评估，这里没有采用控制点来对绝对定位精度进行评价，而是将前方交会得到的地面点投影到各自的影像上，计算所得的像点坐标与原始量测坐标的差异，也就是像点反投影误差，通过比较即可获取两种模型前方交会精度的差异。主要原因是控制点的精度包括地面点误差和像点坐标误差，尽管地面点坐标精度可以很高，但转刺到像点坐标精度比较低。控制点的精度可能会掩盖正解模型和反解模型的精度差异，无法反映两者的精度优劣。

而像点反投影误差则可以通过像点残差准确地反映两种模型的内符合精度。

另外,上述过程中的第二个步骤是由地面点坐标计算像点坐标,这里采用 RFM 正解模型实现像方投影,理论上严格做法应该采用严格传感器模型来实现这种投影解算。但由于严格传感器模型的数据获取比较困难,加之 RFM 正解模型精度可以代替严格传感器模型故此处采用 RFM 正解模型实现影方投影。试验中 ΔZ 迭代阈值为 1×10^{-8},Z 坐标初值为 HEIGHT_OFF。

2) 试验结果

图 2.15、图 2.16 是数据 1 和数据 2 的正解和反解模型在迭代阈值分别为 1×10^{-7}、1×10^{-8}、1×10^{-9} 三种情况下的精度情况。表 2.7 和表 2.8 是数据 1 和数据 2 在迭代阈值为 1×10^{-8} 时正、反解模型的精度详细对比情况。

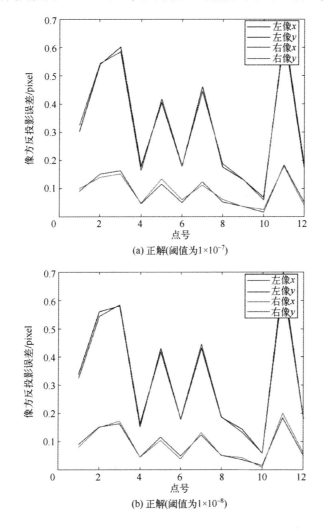

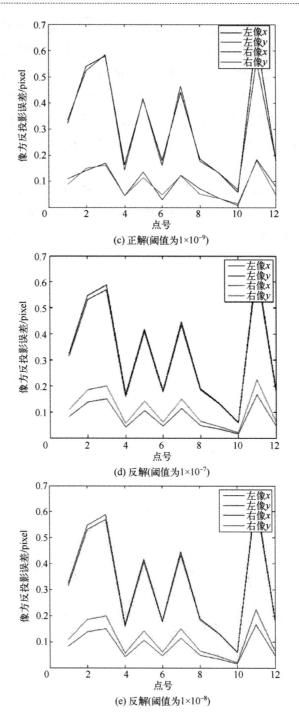

(c) 正解(阈值为1×10^{-9})

(d) 反解(阈值为1×10^{-7})

(e) 反解(阈值为1×10^{-8})

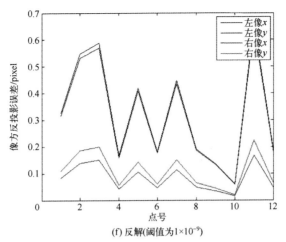

(f) 反解(阈值为1×10^{-9})

图2.15 数据1不同阈值的像方反投影误差（见彩图）

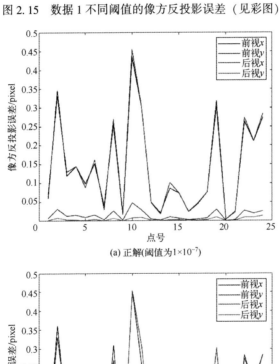

(a) 正解(阈值为1×10^{-7})

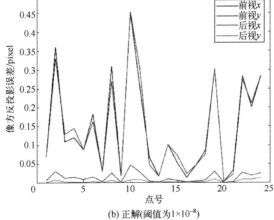

(b) 正解(阈值为1×10^{-8})

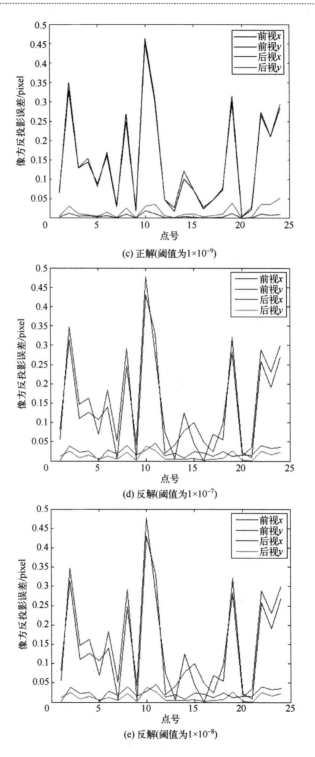

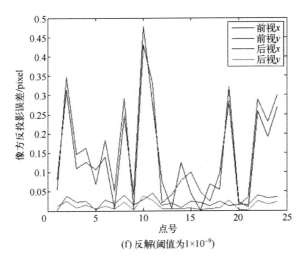

(f) 反解(阈值为1×10^{-9})

图 2.16　数据 2 不同阈值的像方反投影误差（见彩图）

表 2.7　数据 1 正反解 RFM 定位精度

模型误差项		左像反投影误差/pixle			右像反投影误差/pixel		
		Δx	Δy	Δs	Δx	Δy	Δs
正解形式	绝对值最大值	0.656	0.184	0.681	0.417	0.115	0.432
	绝对值最小值	0.059	0.016	0.061	0.059	0.016	0.061
	均方差	0.315	0.088	0.327	0.317	0.087	0.328
反解形式	绝对值最大值	0.665	0.167	0.685	0.647	0.224	0.684
	绝对值最小值	0.060	0.015	0.061	0.058	0.019	0.061
	均方差	0.319	0.081	0.329	0.311	0.108	0.329

表 2.8　数据 2 正反解 RFM 定位精度

模型误差项		前视反投影误差/pixel			后视反投影误差/pixel		
		Δx	Δy	Δs	Δx	Δy	Δs
正解形式	绝对值最大值	0.453	0.013	0.453	0.454	0.021	0.454
	绝对值最小值	0.003	0.006	0.006	0.003	0.008	0.008
	均方差	0.127	0.009	0.127	0.127	0.011	0.127
反解形式	绝对值最大值	0.477	0.045	0.479	0.429	0.038	0.430
	绝对值最小值	0.001	0.002	0.002	0.005	0.004	0.006
	均方差	0.126	0.012	0.126	0.128	0.011	0.128

2.4.2.4 计算效率试验

1) 试验方案

利用数据1和数据2，开展正解和反解两种形式RFM在计算效率方面的对比试验，具体过程为：首先对两套数据，通过自动匹配选择10000个特征点对，两组点均呈100行100列，均匀分布在像幅范围内；其次对两组数据的10000组同名像点，利用两种模型分别进行前方交会，获取地面点坐标，记录两组数据处理中前方交会的时间；最后通过耗费的时间对比分析两种模型的处理效率。

2) 试验结果

对于两套数据，分别对试验中得到的10000组同名点进行前方交会并统计处理时间，结果如表2.9所列。本次试验计算机的硬件配置：CPU intel® Xeon® 2.4GHz，内存32GB，硬盘2TB。

表2.9 计算效率试验结果

模型	数据1时间/ms	数据2时间/ms
正解模型	156	171
反解模型	63	78

2.4.3 反解RFM特性分析与结论

2.4.3.1 试验分析

根据图2.9~图2.13的结果可以看出，正解模型的求解过程比较稳定，通常都是4次收敛，并且对 Z 坐标的初值和 ΔZ 的迭代阈值基本没有依赖。反解模型交会过程的收敛情况则不同，迭代次数在3~4次之间变化，Z 坐标的初值和 ΔZ 的迭代阈值会影响收敛结果。Z 坐标的初值精确时，通常迭代3次，否则需要迭代4次。数据1当 Z 的初值误差大于500m时，迭代次数由3次增加到4次。数据2当 Z 的初值误差大于1200m时，迭代次数由3次增加到4次。另外，ΔZ 的迭代阈值由 1×10^{-7} 到 1×10^{-9} 变化的过程中，迭代次数也会由3次增加到4次。Z 坐标的初值和 ΔZ 的迭代阈值对正解和反解模型的收敛影响不同，分析原因主要是对正解模型，X、Y、Z 坐标初值和 ΔX、ΔY、ΔZ 的迭代阈值共同影响其收敛特性，对反解模型，只有 Z 坐标初值和 ΔZ 的迭代阈值影响其收敛特性，试验对 Z 坐标初值和 ΔZ 的迭代阈值的设置，对正解模型求解的收敛影响有限，但对反解模型的影响却是显著的。

根据图 2.14、图 2.15 以及表 2.7 和表 2.8 的结果可以看出，正解和反解模型在迭代阈值分别为 1×10^{-7}、1×10^{-8}、1×10^{-9} 三种情况的精度基本保持稳定，并且正解和反解的精度非常接近，精度的差异仅在 1/100pixel 左右。试验中像方反投影误差 x 方向与 y 方向差异较大，主要是因成像方式差异造成的，在 x 方向是中心投影，在 y 方向是近似的平行投影。另外数据 1Pleiades 的像方反投影误差（以像素为单位）比数据 2 天绘一号卫星影像的误差大，主要是由于分辨率差异，天绘一号卫星三线阵像素分辨率为 5m，而 Pleiades 的像素分辨率为 0.5m，按照像素大小换算后，显然 Pleiades 像方反投影误差小于天绘一号卫星影像的误差。

根据表 2.9 可知，反解模型的计算效率明显高于正解模型，试验结果也进一步验证了前面的理论分析，正解模型的求解涉及地面 X、Y、Z 坐标的迭代求解，误差方程式系数构造涉及 12 项多项式的偏导数求导，而反解模型仅涉及 Z 坐标的迭代求解，误差方程式系数构造也相对简单，仅涉及 4 项多项式的偏导数求导。另外反解的迭代次数通常为 3~4 次，而正解的迭代次数基本都是 4 次。

2.4.3.2 结论与总结

根据上述分析，可以初步得出如下结论。

（1）RFM 正解模型的迭代收敛比较稳定，对 Z 坐标的初值和 ΔZ 迭代阈值依赖不敏感，通常在 4 次左右收敛，而反解模型的迭代收敛对 Z 坐标初值和 ΔZ 迭代阈值有依赖，通常是在 3~4 次范围内收敛。若 Z 坐标初值较好，即可 3 次收敛；若初值较差，也会 4 次收敛。若 ΔZ 迭代阈值较小，则迭代次数增加。

（2）利用 RFM 正解模型与反解模型进行前方交会的精度非常接近，利用反解模型可以实现与正解模型一样的高精度立体定位。RFM 反解模型 ΔZ 迭代阈值建议设置为 1×10^{-8}，这种设置能够保持精度较好的同时，求解过程也比较稳定。

（3）RFM 反解模型进行前方交会的计算效率高于正解模型，大约是正解计算效率的 2 倍多，特别是在平坦地区效率提升将更为明显。

（4）反解模型在应用模式上是对正解模型的有益补充，两种形式 RFM 的结合将是最佳使用方式，可以显著提升光学卫星影像的处理效率。

2.4.4 RFM 反解模型的生成与应用

研究表明，对于高分辨率光学遥感卫星影像的全流程几何处理，其最佳的方式是融合使用两种形式的 RFM。同单独使用正解模型的方式相比，融合应用可以在保证精度的情况下，显著提高影像处理的效率[1]。对于 Pleiades 卫星，可以融合使用两种形式的 RFM 来高效地完成影像的几何处理，而对于仅提供 RFM 正解模型的影像，能否通过正解模型重新生成 RFM 反解模型？围绕这个问题，本节以天绘一号卫星影像为例，提出 RFM 反解模型两种生成途径——根据严格模型直接生成 RFM 反解模型和利用正解模型间接生成反解模型，重点对比分析两种途径生成 RFM 反解模型的精度差异，为 RFM 反解模型的应用提供重要技术支撑。

2.4.4.1 RFM 反解模型的生成

目前仅有法国 Pleiades 卫星提供正、反解两种形式的 RFM，其他商用卫星仅提供正解模型。如何获取反解形式的 RFM，有两种途径。

（1）严格模型直接生成方案：与正解模型的生成类似，直接利用严格传感器模型建立一组虚拟的三维虚拟格网点作为控制点来解算 RFM 反解模型。

（2）参考严格传感器模型生成正解 RFM 的方式，由正解模型间接生成。

与上述严格模型直接生成方案类似：首先利用正解模型代替严格传感器模型建立一组虚拟的三维虚拟格网点；然后利用这些控制点来解算 RFM 反解模型。由于利用正解模型，可以通过直接解算快速实现由物方坐标 (X,Y,Z) 计算像点坐标 (r,c)，若要实现由坐标 (r,c,Z) 计算像点坐标 (X,Y)，则需要采用最小二乘迭代求解。因此与严格模型的直接生成方案不同，这些虚拟层状三维格网的坐标是在物方空间定义。这里的格网生成方案与 2.3.1.4 节内容相同。具体获取过程如下。

（1）将整幅影像对应的物方平面空间均匀分成 $m×n$ 个网格，通常 m、n 取相同的值。物方平面空间范围可以根据正解 RFM 模型 RPC 中的 LAT_OFF，LONG_OFF，LAT_SCALE，LONG_SCALE 计算获得，其中 LAT_{min} = LAT_OFF−LAT_SCALE，LAT_{max} = LAT_OFF + LAT_SCALE，LON_{min} = LON_OFF−LON_SCALE，LON_{max} = LON_OFF+LON_SCALE。当 $m=n=10$ 时，在整幅影像对应的物方空间有 11×11=121 个均匀分布的物方点。

（2）将影像覆盖区域的高程范围 H_{min}~H_{max} 均匀分为 k 层（为避免法方程出现病态，一般 $k>3$），每层具有相同的高程 z，并都有上述 $(m+1)(n+1)$ 个均匀分布的物方点。这样就产生 $(m+1)(n+1)k$ 个在物方平面、高程上均匀分布的格网点，并且每个格网点的坐标 X、Y、Z 均已知。

(3) 利用影像 RFM 正解模型，根据每个控制点的 X、Y、Z 计算出地面坐标 (r,c)，这样就得到 $(m+1)(n+1)k$ 个格网点的全部坐标。

(4) 用上述的层状控制格网点来解算 RFM 反解模型。

2.4.4.2　RFM 反解模型生成方法对比试验

1) 试验数据

试验数据选择我国第一颗传输型立体测绘卫星天绘一号的三线阵立体影像（约 10 景）。数据覆盖区域为新疆地区，地形高差约 2200m，数据附带有条带形式的严格传感器模型和标准景的正解 RFM。如图 2.17 所示，影像成像时间 2014 年 5 月 13 日。

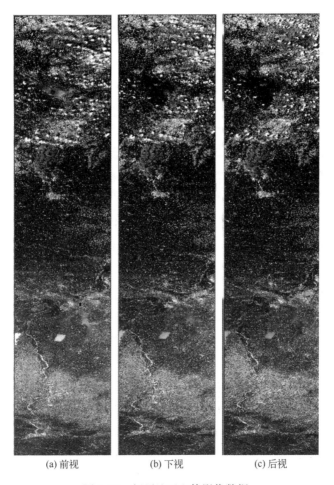

(a) 前视　　　　　　(b) 下视　　　　　　(c) 后视

图 2.17　新疆地区立体影像数据

2）试验方案

试验方案如图 2.18 所示。

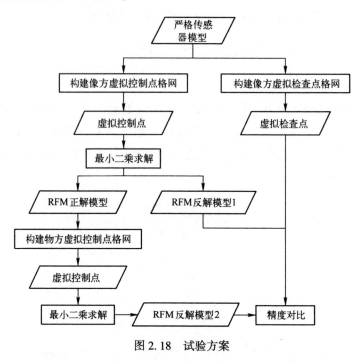

图 2.18　试验方案

具体过程如下：

（1）利用影像的严格传感器模型生成两组像方虚拟格网点（每层 10×10 格网，高程分 5 层，共有 11×11×5 个点），一组作为控制点，另一组作为检查点。

（2）利用（1）中生成的虚拟控制点，通过最小二乘求解 RFM 的正解和反解模型 1。

（3）利用正解模型构建一组物方的虚拟格网点，并利用虚拟格网点求反解模型 2。

（4）利用（1）中严格传感器模型生成的检查点对反解模型 1 和反解模型 2 进行精度对比。利用两种途径获取的反解模型，由检查点的像点坐标和高程坐标计算物方平面坐标，通过比较物方平面坐标获取精度差异。

3）试验结果

图 2.19 给出了两种方式生成的反解 RFM 在像方的精度，横坐标轴表示影像的景号，纵坐标表示每景影像的 100 个检查点像方误差统计后的中误差，

图中共有三条折线，分别表示前视、下视和后视的立体精度。图 2.20 给出了两种方式生成的反解 RFM 在物方的精度，横坐标轴同样表示影像的景号，纵坐标表示每景影像的 100 个检查点物方误差统计后的中误差（物方坐标采用高斯投影坐标）。由于数据 2 没有严格传感器模型参数，故无法进行本试验。

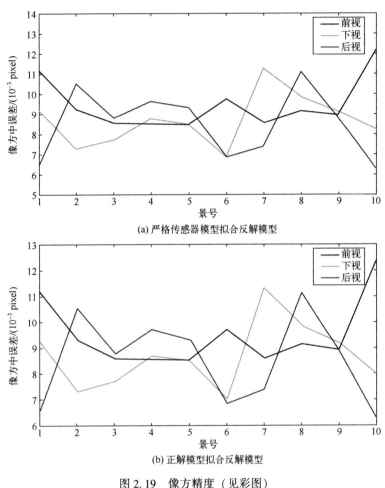

图 2.19　像方精度（见彩图）

2.4.4.3　分析与结论

对比上述结果可以发现，两种途径生成的 RFM 精度非常接近，因此利用正解 RFM 生成的反解 RFM，能够实现高精度传感器模型的传递，在立体定位处理中可以代替正解 RFM 实现高精度定位。实际上，由严格模型通过生成虚拟格网点来解算 RFM 的方式，目前已经被证明是一种精度几乎无损的传感器

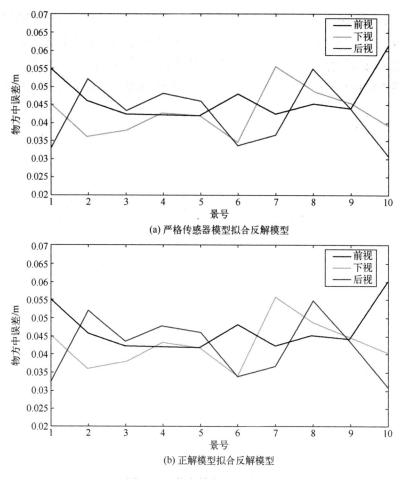

图 2.20 物方精度（见彩图）

模型转换方法。本节提出由正解模型计算反解模型的方法，实质上是按照同样的方式又进行了一次高精度传感器模型的转换，不同之处在于常用的是将严格模型转换为 RFM 正解模型，本节是将 RFM 正解模型转换为 RFM 反解模型。

实际应用中，对于影像提供商来说，最好的方式是直接利用严格模型同时生成正解 RFM 和反解 RFM。对于仅提供 RFM 正解模型的影像，利用正解模型可以采用本节的方法生成高精度的 RFM 反解模型。随着光学遥感卫星分辨率的不断提高、扫描带宽的增大，单景影像的数据量也不断增大，如何高精度、高效率完成影像几何处理是需要重点研究的内容。本节探讨了 RFM 的反解模型在卫星影像处理中的应用特性，结论初步表明，反解模型可以实现对正解模型的补充完善,两种形式RFM的结合将是最佳使用方式,这也进一步验证了商业卫星Pleiades的做法。目前,市场上的一些商用软件甚至在其内部,都是利用正解模型来重新生成反解模型的RFM,满足软件内部的高效处理。RFM的应用特性与传感器的覆盖范围、平台与传感器的稳定度、覆盖区域的高差等紧密相关,本节关于RFM反解模型特性的结论是初步的,更普遍性的结论尚需要后续更多的试验支持。

2.5 卫星立体影像RPC相对误差改正方法[41]

通过立体影像自动匹配获取DSM/DEM产品是当前遥感影像处理的研究重点,DSM/DEM产品的精度主要取决于影像传感器模型的几何定位精度。高精度的传感器模型可以缩小影像匹配的搜索范围,缩短计算时间,提升匹配的可靠性。但是传感器模型通常会包含系统的轨道定位误差、星敏感器误差以及内定向参数误差等。在没有地面控制信息的情况下,大的传感器模型误差可能会引起自动获取DSM/DEM的失败[22,24]。

对于高分辨率卫星遥感影像,学者们围绕RPC传感器模型的误差改正开展了大量的研究[20-38]。这些研究包括两种类型:一种是有控制点方式,通常是利用地面控制点,通过光束法平差,在像方空间增加一个仿射变换模型来改正RPC传感器模型的误差;另一种是无控制点方式,通常是采用自由网光束法平差,同样在像方空间增加一个仿射变换模型来改正RPC传感器模型的误差。研究表明,前者可以改善传感器模型的绝对定位精度,后者仅能提升模型的内部符合精度。因此,实际应用较多的是有控制点方式的平差处理方法。但实际中控制信息并不是总能够获得,如何在无控制点条件下、在传感器模型含有一定误差的情况下高效和高精度地获取DSM/DEM,是当前应该关注的重点。现有的研究大多集中在通过光束法区域网平差来改正每个影像的定位误差。这个平差过程涉及连接点和未知数的定权,对于点位误差比较敏感,实际平差后,单个立体像对之间可能会存在一定的相对误差。

为提升影像匹配的可靠性,本节针对高分辨率光学卫星影像,探讨利用立体像对的同名像点通过平差的方法来改正RPC的相对误差,并通过实际的影像数据试验分析这种误差改正对影像匹配和DSM生成的影响。结果表明,通过改正立体像对的相对误差可以有效提升立体影像的内部符合精度,改善后续影像匹配和DSM生成的效果。

2.5.1 立体像对 RPC 误差改正方法

2.5.1.1 RPC 相对误差改正模型

RFM 的实质是将像点坐标与对应的地面点坐标之间的关系表示为两个多项式的比值，分为正解和反解两种表示形式，常用 RFM 是其正解 RFM 形式（式（2.4））。

基于有理函数模型的区域网平差是将仿射变换模型应用于有理函数模型。采用基于像方补偿方案能够很好地消除对影像几何定位结果的影响，常用的带仿射变换的像方补偿 RFM 的形式为

$$\begin{cases} r_n = \dfrac{p_1(X_n, Y_n, Z_n)}{p_2(X_n, Y_n, Z_n)} + a_0 + a_1 r_n + a_2 c_n \\ c_n = \dfrac{p_3(X_n, Y_n, Z_n)}{p_4(X_n, Y_n, Z_n)} + b_0 + b_1 r_n + b_2 c_n \end{cases} \quad (2.23)$$

式中：a_0、a_1、a_2、b_0、b_1、b_2 是影像的 6 个仿射变换参数，这 6 个参数实际上描述了多种来源的误差。

2005 年，Fraser 和 Grodecki 研究发现对于 IKONOS 等高分辨率卫星影像，单景 RPC 的模型误差通常可以用一个零阶多项式（也就是水平和垂直偏移）来描述[22]，则式（2.23）可以简化为

$$\begin{cases} r_n = \dfrac{p_1(X_n, Y_n, Z_n)}{p_2(X_n, Y_n, Z_n)} + a_0 \\ c_n = \dfrac{p_3(X_n, Y_n, Z_n)}{p_4(X_n, Y_n, Z_n)} + b_0 \end{cases} \quad (2.24)$$

对于一个立体像对，存在下述关系：

$$\begin{cases} r_n^l = \dfrac{p_1^l(X_n^l, Y_n^l, Z_n^l)}{p_2^l(X_n^l, Y_n^l, Z_n^l)} + a_0^l, & r_n^r = \dfrac{p_1^r(X_n^r, Y_n^r, Z_n^r)}{p_2^r(X_n^l, Y_n^l, Z_n^l)} + a_0^r \\ c_n^l = \dfrac{p_3^l(X_n^l, Y_n^l, Z_n^l)}{p_4^l(X_n^l, Y_n^l, Z_n^l)} + b_0^l, & c_n^r = \dfrac{p_3^r(X_n^r, Y_n^r, Z_n^r)}{p_4^r(X_n^r, Y_n^r, Z_n^r)} + b_0^r \end{cases} \quad (2.25)$$

在有控条件下，立体像对 RPC 的相对误差理论上是可以通过光束法区域网平差来解决的，但实际上只能部分改正。另外，大多数条件下，由于控制信息不是总能得到，因此无法进行平差。因此针对立体影像，有必要在匹配之前，针对 PRC 的相对误差单独进行改正处理。根据该模型可以看出：单像

RPC模型误差在像方表现为一个水平和垂直的偏移；对于一个立体像对，则表现为两个关系独立的偏移，会对后续的处理特别是匹配处理产生重要的影响。如果匹配处理采用核线影像一维匹配，这种偏移会造成上下视差无法消除，从而影响核线精度。如果匹配处理采用二维匹配处理，这种偏移会影响匹配的搜索范围，进而影响匹配的速度和可靠性。考虑影像匹配实际上是一个相对位置关系的搜索过程，因此可以根据上述模型做进一步简化，以立体像对的左像为基准，假设左像的偏移为零，则右像的偏移为

$$\begin{cases} r_n^r = \dfrac{p_1^r(X_n^r, Y_n^r, Z_n^r)}{p_2^l(X_n^l, Y_n^l, Z_n^l)} + \Delta a \\ c_n^r = \dfrac{p_3^r(X_n^r, Y_n^r, Z_n^r)}{p_4^r(X_n^r, Y_n^r, Z_n^r)} + \Delta b \\ \Delta a = a_0^r - a_0^l \\ \Delta b = b_0^r - b_0^l \end{cases} \quad (2.26)$$

式（2.26）即为立体像对RPC相对误差改正的模型。

2.5.1.2 处理过程

算法处理过程如图2.21所示，主要包括三个步骤。

（1）连接点的获取。通常先提取特征点，后通过匹配获得候选同名像点，最后经筛选获得可靠的连接点坐标。其中采用尺度不变特征变换（SIFT）作为特征提取算子，首先是提取特征点，其次是构建特征描述子，然后通过特征匹配获取初匹配点，最后采用随机抽样一致性（RANSAC）算法进行粗差剔除。考虑速度问题，算法采用分块并行处理的策略以提高处理效率。

（2）空间前方交会。利用获取的连接点坐标和立体影像的RPC参数进行双像前方交会获取连接点的物方坐标。

（3）平差解算。根据连接点的物方坐标，计算右影像的像方反投影坐标，根据右像反投影坐标和原始像点坐标，结合式（2.25）的平差模型，通过最小二乘平差求解两个改正参数Δa和Δb。若两个改正参数值小于某一个限差或者迭代次数到达一定数量（文中改正数限差取值为0.01pixel，迭代次数限制为10），即可结束求解。否则利用改正参数修正右像的RPC参数，生成新的RPC参数，重复（2）和（3），直至满足收敛条件。

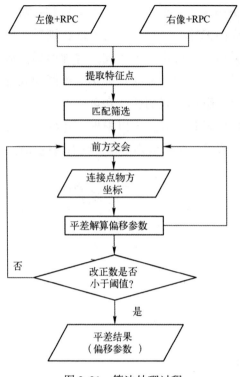

图 2.21　算法处理过程

2.5.2　卫星影像匹配和 DSM 生成评估试验

2.5.2.1　试验数据

试验采用天绘一号、资源三号以及高景一号三种卫星影像数据。其中：天绘一号卫星采用 1B 级三线阵立体影像，如图 2.22 所示，影像分辨率为 5m，摄影区域为北京某地区，摄影时间为 2015 年；资源三号卫星采用 1 级三线阵立体影像，如图 2.23 所示，影像分辨率为 3m，摄影区域为浙江某地区，摄影时间为 2014 年；高景一号卫星采用 1 级立体影像，如图 2.24 所示，影像分辨率为 0.5m，摄影地区为境外某区域，摄影时间为 2019 年。

2.5.2.2　试验结果

表 2.10 给出了三种试验影像平差后的模型改正参数。表 2.11 给出了三种试验影像平差前后的像方反投影误差的中误差（改正前是由原始的影像 RPC 和提取特征点像坐标通过前方交会获得物方坐标，再由物方坐标反投影

(a) 前视　　　　　　　　　(b) 后视

图 2.22　天绘一号卫星影像数据

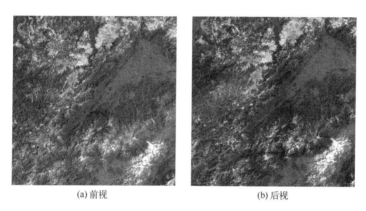

(a) 前视　　　　　　　　　(b) 后视

图 2.23　资源三号卫星影像数据

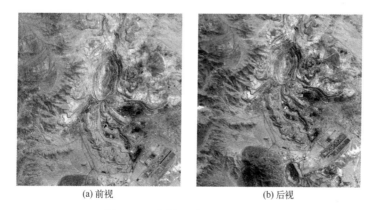

(a) 前视　　　　　　　　　(b) 后视

图 2.24　高景一号卫星影像数据

至像方与提取特征点像坐标进行对比,改正后的处理方法同样,不同的是采用改正后的影像 RPC 进行交会计算)。表 2.12 给出了三种试验影像平差前后影像密集匹配的匹配成功点数与成功率（匹配成功点数与全部匹配点数之比）。

表 2.10 模型改正参数

试验数据	Δa/pixel	Δb/pixel
天绘一号卫星	−1.535	0.004
资源三号卫星	2.662	−0.001
高景一号卫星	−1.329	0.302

表 2.11 像方反投影中误差

试 验 数 据		反投影误差/pixel
天绘一号卫星	改正前	0.767
	改正后	0.128
资源三号卫星	改正前	1.334
	改正后	0.243
高景一号卫星	改正前	1.752
	改正后	0.347

表 2.12 匹配点数与成功率

试验数据		匹配成功点数	匹配成功率/%
天绘一号卫星	改正前	124606537	86
	改正后	133812622	93
资源三号卫星	改正前	196818901	83
	改正后	214695484	91
高景一号卫星	改正前	502108310	79
	改正后	628956828	98

2.5.2.3 分析与结论

从表 2.11 可以看出三种影像数据的改正数均大于 1pixel，说明立体影像之间相对误差存在并且对后续的影像处理的影响不容忽视。从表 2.11 中可以看出，采用本节的 RPC 相对误差改正模型，可以有效提升立体影像的内部符合精度，改正后的像方反投影误差均控制在子像素范围。从表 2.12 结果对比来看，通过这种误差改正，成功的匹配点增多，可以改善 DSM 生成质量和效果，也进一步验证了算法的有效性。

对于高分辨率光学卫星影像，充分挖掘其高精度的应用潜力是非常有意义的工作。本节探讨了高分辨率光学卫星立体影像 RPC 相对误差的改正方法，该方法通过一个像方空间的偏移量来描述左右影像之间在无控制点条件下的相对定位误差。试验结果表明，该方法能够提高立体像对的内部符合精度，改善影像匹配和 DSM 生成的效果，对于无控制点条件下高分辨率光学卫星的应用处理具有一定的应用价值。

2.6 基于 RFM 的线阵卫星遥感影像水平纠正技术[42]

在航空摄影测量中，由于摄影的瞬间航空相机的主光轴一般不与水平面垂直，因此获取的影像通常是倾斜影像。倾斜影像同水平影像相比，除带有因地形起伏带来的几何变形外，也带有因像片倾斜带来的几何变形。这种倾斜误差引起的几何变形会给后续的摄影测量处理带来不便，因此一般需要将倾斜像片转换为等比例尺的等效水平影像。转换基本过程是将倾斜影像投影到一个与倾斜像片等焦距的水平假想像方平面上，在这个平面上进行影像重采样即可得到水平影像。通过转换，不仅可以消除因像片倾斜引起的影像几何变形，而且可以改变影像上的核线关系由相交变成相互平行。转换后的水平像片和倾斜像片的几何关系可以用一个类似中心投影的共线条件方程来描述。这个转换原理简单，很容易实现，在摄影测量处理中有着广泛的应用。但这种简单的转换理论和方法只适合于框幅式中心投影的航空影像，对于卫星摄影测量中的线阵数字相机获取的影像却不再适用。线阵遥感影像同框幅式遥感影像相比，具有多中心投影的特点，因此其几何关系更为复杂。针对这种相对复杂的多中心投影的遥感影像，本节提出一种倾斜像片到水平像片的转换方法。这种方法在借鉴传统的倾斜像片纠正理论基础上，利用有理函数的反解数学模型实现转换。试验结果表明，这种方法生成的水平像片与倾斜像片相比，几何变形较小，有利于后续的几何处理。

2.6.1 卫星遥感影像水平纠正

首先回顾传统框幅式遥感影像由倾斜像片生成水平像片的基本方法和过程，然后在此基础上提出本节的方法和思路。

2.6.1.1 框幅式遥感影像水平影像的纠正

图 2.25 描述了摄影时刻的框幅式遥感影像的物像构成关系，其中 S 为摄

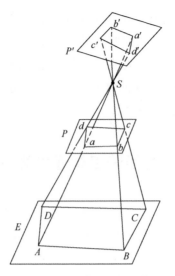

图 2.25 框幅式影像倾斜像片和水平像片的物像关系

站坐标，E 为地面，P' 为倾斜像片，地面上目标点 A、B、C、D 在像面上 P' 的构像为 a'、b'、c'、d'。如果投影地面点 A、B、C、D 到一个与倾斜像片 P' 同焦距的水平像平面 P，其构像为 a、b、c、d，事实上在水平像平面上 P 的构像就是水平像片的概念。其中，水平像片和倾斜像片对应像点之间的关系可用表示如下：

$$\begin{cases} x = \dfrac{a_1 x' + a_2 y' - a_3 f}{c_1 x' + c_2 y' - c_3 f} \\ y = \dfrac{b_1 x' + b_2 y' - b_3 f}{c_1 x' + c_2 y' - c_3 f} \end{cases} \quad (2.27)$$

$$\begin{cases} x' = \dfrac{a_1 x + b_1 y - c_1 f}{a_3 x + b_3 y - c_3 f} \\ y' = \dfrac{a_2 x + b_2 y - c_2 f}{a_3 x + b_3 y - c_3 f} \end{cases} \quad (2.28)$$

式中：x、y 为水平像片上的像点坐标；x'、y' 为对应在倾斜像片上的像点坐标。由倾斜像片生成水平像片的方法有两种：直接法和间接法。直接法从倾斜影像出发，按式（2.27）进行坐标变换，求解对应的像点在水平像片上的坐标，然后将倾斜像片上坐标对应的灰度值赋予水平影像上的像点。间接法：水平像片上每一个点在倾斜像片上的对应像点坐标，可通过式（2.28）计算得到，根据计算后的像素坐标值进行灰度值内插，将内插后的灰度值赋予水平像片上的像点。由于直接法重采样计算出的纠正影像上像点坐标排列不规则，灰度值内插的计算过程比较复杂，因此一般情况下采用间接法。

2.6.1.2 线阵卫星遥感影像水平影像的纠正

随着数字成像技术的不断发展，传统的模拟框幅式相机逐渐被数字相机所代替。数字框幅式相机利用焦平面上的二维面阵CCD记录影像信息。由于目前面阵CCD的制作工艺问题，面阵CCD的幅面大小及其有效像元数量达不到与传统模拟胶片式的技术状态，因此线阵CCD传感器在高分辨率航空航天遥感影像的获取中得到广泛应用。航空线阵CCD传感器和高于1m分辨率的线阵CCD商业遥感卫星给传统的摄影测量处理带来了机遇和挑战。线阵CCD传感器可以用来获取影像的扫描带宽和分辨率，其获取的影像可以和传统的模拟影像相媲美。线阵CCD传感器在每一摄影时刻只能获取一条或者一维影像，随着传感器的持续运动即可以获得连续的地面覆盖。对每一条影像，都有一个投影中心，或者说每一条影像有一组外方位元素。因此，不可能按照传统的摄影测量处理方法来生成线阵CCD传感器的水平影像，所以这里将有理函数模型引入线阵CCD传感器的水平影像生成过程。

根据正解或者反解有理函数模型，已知像点坐标 $P(S,L)$ 和高程 Z，可以计算出物方点 P 的三维坐标 (X,Y,Z)。值得注意的是，这里物方的坐标不一定是真实的地面点，实际上是像点在物方空间的一个水平高程面上的几何投影。如果这个水平面的高程与像点对应的地面点的高程已知，则这个点就是真实的地面点，否则只是一个虚拟的物方投影点。图2.26描述了线阵CCD遥感影像生成水平影像的几何原理。对一景线阵CCD遥感影像，如果知道其有理函数模型和影像上的一个像点 $P(S,L)$，这就意味着确定了一条通过该像点和其对应的投影中心的空间光线，如果有一个水平面，其高程为 H，那么这个平面和光线的交点就是 $P(X,Y,Z)$。这实际上是对上述数学关系更为直观的解释和说明。如果将所有的像点都投影到这个物方的水平面上，就可以得到一个与传统框幅式遥感影像类似的水平像片。这就是基于有理函数模型的水平影像生成的基本思想。

在这个过程中，如果线阵CCD传感器采用传统的严格模型如扩展共线条件方程，那么这个过程很难完成，但如果采用有理函数模型，则相对简单。对于传统框幅式遥感影像和线阵CCD遥感影像，其生成水平影像的差异主要有两个方面：一是前者是基于共线条件方程，后者是基于有理函数模型；二

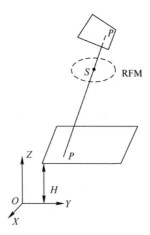

图 2.26 线阵 CCD 影像水平像片纠正的几何原理

是前者是将像方点投影到一个虚拟的与倾斜像片等焦距的水平影像上,而后者是将像方点投影到一个物方的水平面上(摄影区域的平均高程)。为什么不将像点投影到像方的水平面上呢?原因是有理函数模型反解形式对 Z 值是有限制的,通常 Z 值在摄影区域的高程最大值和最小值范围之内,模型才是严格满足的。当将所有的点都投影到物方平面上后,在该平面上根据原始倾斜像片的分辨率进行影像的重采样就可以得到水平影像,原理和过程这里不再赘述。

2.6.2 试验与分析

框幅式遥感影像的水平影像有两个特点:一是其核线是相互平行的;二是它有更小的几何变形。那么对线阵 CCD 遥感影像,是否也具有这样的特点呢?文献 [43-44] 对线阵 CCD 卫星遥感影像的核线特性做了深入的分析和研究,得出的结论:其核线是曲线的,不满足平行关系。因此对于线阵 CCD 遥感影像来说,其特点一肯定不满足,那么对于特点二是否满足呢?

为了验证这个问题,设计了一个试验。首先采用上述方法对两景线阵 CCD 卫星遥感立体像对生成对应的水平影像;然后利用原始的立体像对和水平像对进行单点的匹配试验;最后对试验结果进行讨论。试验数据采用两幅 IKONOS 组成的像对,如图 2.27 所示。生成的水平、立体像对如图 2.28 所示。在单点匹配试验中,图 2.29(a)、(c) 分别给出了原始左像和水平左像上的两块参考影像(大小为 100 行、100 列),图 2.29(b)、(d) 分别给出了原始左像和水平左像上的两块目标影像(大小为 500 行、500 列),匹配过程每次搜索移动 1pixel，匹配测度采用相关系数。

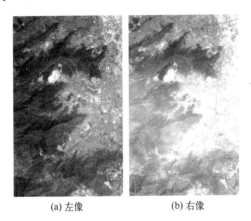

(a) 左像　　(b) 右像

图 2.27　IKONOS 原始立体像对

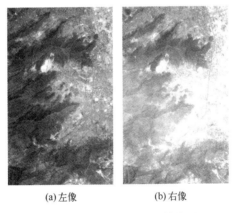

(a) 左像　　(b) 右像

图 2.28　IKONOS 水平立体像对

(a) 原始影像的参考影像

(b) 原始影像的目标影像

(c) 水平影像的参考影像　　　　　(d) 水平影像的目标影像

图 2.29　单点匹配的试验数据

为了显示水平影像和倾斜影像几何变形的差异，利用水平立体影像和原始倾斜立体影像分别做了一组单点匹配的试验，比较水平立体影像和倾斜立体影像的匹配结果。本次单点匹配试验采用核线约束，进行基于核线约束的一维匹配试验。下面给出了倾斜立体像对和水平立体像对单点匹配过程中相关系数沿着核线进行一维匹配的变化情况。图 2.30 和图 2.31 分别给出了随机选择倾斜像片上的像点 $a(1205,1372)$ 和像点 $b(4657,383)$ 的一维匹配结果，其中图 2.30（a）和图 2.31（a）给出了倾斜影像上相关系数的分布图，图 2.30（b）和图 2.31（b）给出了水平影像上相关系数的分布图。

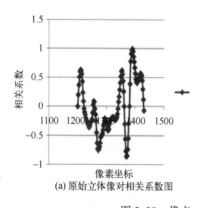
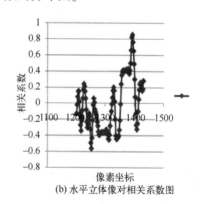

(a) 原始立体像对相关系数图　　　　(b) 水平立体像对相关系数图

图 2.30　像点 a 相关系数一维分布图

从图 2.30 和图 2.31 可以看出，倾斜影像上相关系数分布图的形状在最大值附近相对平缓，而在水平影像上相关系数分布图的形状在最大值附近相对尖锐，这个现象表明在水平影像上的匹配结果精度高于倾斜像片上的匹配结果精度。

采用本节提出的方法，利用有理函数模型可以实现对线阵 CCD 遥感倾斜

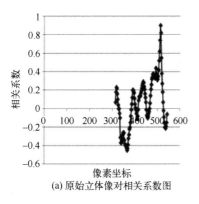
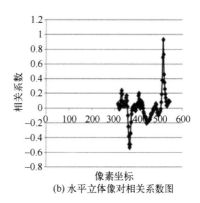

(a) 原始立体像对相关系数图　　(b) 水平立体像对相关系数图

图 2.31　像点 b 相关系数一维分布图

影像的水平纠正，纠正后的影像可以减少立体影像之间的几何变形，从而有利于后续处理过程的自动化。

参考文献

[1] MANADILI Y, NOVAK K. Precision rectification of spot imagery using the direct linear transformation model [J]. PERS, 1996, 62（1）：67-72.

[2] SAVOPOL F, ARMENAKIS C. Modeling of the IRS-1C satellite pan stereo-imagery using the DLT model [A]. International Archives of Photogrammetry and Remote Sensing. Hanover：ISPRS, 1998.

[3] WANG Y N. Automatedtriangulation of linear scanner imagery [C]//Proceedings of ISPRS Work Groups I/1, I/3, IV/4 on "Sensors and Mapping from Space 1999", Hanover, 1999.

[4] 张永生, 巩丹超, 刘军. 高分辨率遥感卫星应用：成像模型、处理算法及应用技术 [M]. 北京：科学出版社, 2004：38-41.

[5] 巩丹超. 高分辨率卫星遥感立体影像处理模型与算法 [D]. 郑州：信息工程大学, 2003.

[6] 巩丹超, 张永生. 有理函数模型的解算与应用 [J], 测绘科学技术学报, 2003, 20（1）：39-42.

[7] 巩丹超, 邓雪清, 张云彬. 新型遥感卫星传感器几何模型-有理函数模型 [J]. 海洋测绘, 2003, 23（1）：31-33.

[8] 巩丹超, 杨哲海, 张云彬. 基于仿射变换的新型遥感传感器成像模型 [J]. 测绘通报,

2006, 352 (7), 19-21.

[9] 巩丹超, 刘广社, 王新义. 有理函数模型在线阵CCD推扫式传感器影像处理中的应用分析 [J]. 测绘科学与工程, 2008, 28 (3): 44-49.

[10] 巩丹超, 汤晓涛, 张丽. 基于地形无关控制方案的有理函数建模方法研究 [J]. 测绘科学与工程, 2012, 32 (1): 7-10.

[11] VINCENT T, HU Y. Investigation on the rational function model [C]//ASPRS 2000 Annual Conference Proceedings, Washington D. C., 2000.

[12] VINCENT T, HU Y. Image rectification using a generic sensor model - rational function model [A]. International Archives of Photogrammetry and Remote Sensing. Hanover: ISPRS, 2000.

[13] YANG X H. Accuracy of rational function approximation in photogrammetry [C]//ASPRS 2000 Annual Conference Proceedings, Washington D. C., 2000.

[14] DOWMAN I. An Evaluation of rational functions for Photogrammetric restitution [A]. International Archives of Photogrammetry and Remote Sensing. Hanover: ISPRS, 2000.

[15] FRITSCH D, STALLMANN D. Rigorous photogrammetric processing of high resolution satellite Imagery [A]. The International Archives of the Photogrammetry, Remote Sensing and Spatial Information Sciences. Hanover: ISPRS, 2000.

[16] YANG X H. Piece - wise linear rational function approximation in digital photogrammetry [A/CD]. ASPRS 2001 Annual Conference Proceedings. St ouis: ASPRS, 2001.

[17] VINCENT T, HU Y. A comprehensive study of the rational function model for photogrammetric processing [J]. Journal of Photogrammetric Engineering & Remote Sensing, 2001, 67 (12): 1347-1357.

[18] VINCENT T, HU Y. The rational function model-A tool for processing high-resolution Imagery [J]. Earth Observation Magazine (EOM), 2001, 10 (1): 13-16.

[19] VINCENT T, HU Y. Use of the rational function model for image rectification [J]. Canadian Journal of Remote Sensing, 2001, 9 (6): 23-27.

[20] HU Y, VINCENT T. Updating solutions of rational functional model using additional control points for enhanced photogrammetric proeessing [C]//Proceedings of ISPRS Working Groups 1/2, 1/5 and 1/7 on "High Resolution Mapping from Space 2001", Hanover, 2001.

[21] FRASER C S, HANLEY H B. Bias compensation in rational functions for IKONOS satellite imagery [J]. Photogrammetric Engineering and Remote Sensing, 2003, 69 (1): 53-58.

[22] FRASER C S, HANLEY H B, Bias-compensated RPCs for sensor orientation of high-resolution satellite imagery [J]. Photogrammetric Engineering and Remote Sensing, 2005, 71 (8): 909-915.

[23] FRASER C S, DIAL G, GRODECKI J, Sensor orientation via RPCs [J]. ISPRS Journal of Photogrammetry and Remote Sensing, 2006, 60: 182-194.

[24] JACEK G, GENE G. Block adjustment of high-resolution satellite images described by rational polymials [J]. Photogrammetric Engineering and Remote Sensing, 2003, 69 (1): 59-68.

[25] WANG J, DI K, LI R. Evaluation and improvement of geopositioning accuracy of IKONOS stereo imagery [J]. ASCE Journal of Surveying Engineering, 2005, 131 (2): 35-42.

[26] GRODECKI J, DIAL G. Block adjustment of high-resolution satellite imagesdescribed by rational polynomials [J]. Photogrammetric Engineering and Remote Sensing, 2003, 69 (1): 59-68.

[27] MYOUNG N, IAN M. Automatic relative RPC image model bias compensation through hierarchical image matching for improving DEM quality [J]. ISPRS Journal of Photogrammetryand Remote Sensing, 2018 (136): 120-133.

[28] TONG X, LIU S, WENG Q. Bias-corrected rational polynomial coefficients for high accuracy geo-positioning of QuickBird stereo imagery [J]. ISPRS Journal of Photogrammetry and Remote Sensing, 2010, 65 (2): 218-226.

[29] 张永生，刘军. 高分辨率遥感卫星立体影像RPC模型定位的算法及其优化 [J]. 测绘工程，2004，13 (1): 1-4.

[30] 巩丹超，张丽，龚辉. 基于仿射变换的有理函数模型精化研究 [J]. 测绘科学与工程，2017，37 (6): 36-40.

[31] 巩丹超，张丽，龚辉. 基于RFM的天绘一号卫星影像区域网平差 [J]. 测绘科学与工程，2017，37 (5): 32-35.

[32] 张过. 缺少控制点的高分辨率卫星遥感影像几何纠正 [D]. 武汉：武汉大学，2005.

[33] 刘军，张永生，王冬红. 基于RPC模型的高分辨率卫星影像精确定位 [J]. 测绘学报，2006，35 (1): 30-34.

[34] 李德仁，张过，江万寿，等. 缺少控制点的SPOT-5 HRS影像RPC模型区域网平差 [J]. 武汉大学学报（信息科学版），2006，31 (5): 377-381.

[35] 张力，张继贤，陈向阳，等. 基于有理多项式模型RFM的稀少控制SPOT-5卫星影像区域网平差 [J]. 测绘学报，2009，38 (4): 302-310.

[36] 唐新明，张过，祝小勇，等. 资源三号测绘卫星三线阵成像几何模型构建与精度初步验证 [J]. 测绘学报，2012，41 (2): 191-198.

[37] 汪韬阳，张过，李德仁，等. 资源三号测绘卫星影像平面和立体区域网平差比较 [J]. 测绘学报，2014，43 (4): 389-395.

[38] 皮英冬，杨博，李欣. 基于有理多项式模型的GF4卫星区域影像平差处理方法及精度验证 [J]. 测绘学报，2016，45 (12): 1448-1454.

[39] 巩丹超. 基于反解有理函数模型的光学卫星影像高精度定位 [J]. 测绘科学与工程, 2019, 39 (5): 19-27.

[40] 巩丹超, 周增华. 基于 RFM 的多基线卫星遥感影像定位精度分析 [J]. 测绘科学与工程, 2016, 36 (4): 23-26.

[41] 巩丹超. 高分辨光学卫星立体影像 RPC 相对误差改正方法 [J]. 测绘科学与工程, 2020, 40 (1): 34-38.

[42] 巩丹超, 汤晓涛, 张丽. 基于有理函数模型的线阵 CCD 遥感影像水平纠正技术 [J]. 测绘科学技术学报, 2012, 29 (4): 240-243.

[43] 巩丹超. 线阵推扫式遥感卫星立体像对核线特性分析 [J]. 测绘科学与工程, 2015, 35 (2): 19-24.

[44] GONG D C. Quantitative assessment of the projection prajectory-based epipolarity model and epipolar Image resampling from linear-array satellite images [A]. ISPRS annals. Hanover: ISPRS, 2020.

第3章 光学遥感卫星影像扩展核线模型的建立与应用

3.1 引　言

多传感器类型是当代摄影测量与遥感发展的主要特点之一,线阵推扫式成像传感器已成为当前和未来高分辨率遥感卫星的重要载荷。作为一类重要的传感器,其突出的优势表现在目标定位和立体测图方面。国外大多数商业光学遥感卫星如法国的 SPOT 卫星,印度 IRS-1D 卫星,美国 IKONOS,QuickBird,我国天绘一号、资源三号、高分七号和高分十四号等遥感卫星都载有线阵 CCD 传感器。这是目前对地观测十分有效的传感器,具有广阔的应用前景。线阵推扫式影像特殊的成像方式、复杂的几何关系使应用于传统框幅式中心投影立体成像的模型与方法已不再普遍适用。从现有的资料和报道看,大多数方法或较少考虑这种影像的几何和辐射特点,或直接采用了航空影像中有关中心投影的一些相关模型。

核线是立体摄影测量的一个重要基本概念。20 世纪 70 年代初,美国摄影测量学者 U. V. Helava 等提出了一维核线相关的概念,核线的作用才在摄影测量自动化的研究中受到重视。经典核线关系在生成 DEM 的影像匹配和影像立体测图方面有着十分广泛和重要的应用。其主要作用表现在两个方面:一是利用核线约束可以实现由二维向一维简化的匹配过程,从而提高匹配速度;二是核线重采样可以消除左右影像之间因姿态差异而引起的几何变形,使匹配结果更具可靠性。许多现有的匹配算法都利用这个约束条件来限制匹配的搜索空间以缩短匹配时间,提高匹配结果的可靠性。然而线阵推扫式遥感影像具有"行中心投影"动态成像的特点,各扫描行都有它自身的外方位元素,不可能像框幅式中心投影影像那样存在直观和严格的核线定义[1]。对卫星影像核线模型及其近似核线生成方法的研究一直是航天摄影测量与遥感领域的热点课题之一，具有重要的理论意义和应用价值。

早在20世纪80年代末，张祖勋、周月琴[2]就针对SPOT异轨立体影像提出了基于同名像点坐标多项式拟合的近似核线生成方法。T. Kim[3]对基于严格模型的投影轨迹法进行了深入的分析，明确了核曲线的形状，同时得出核曲线在一定范围内的近似直线特性，为后续的核线应用奠定了基础。M. Morgan[4-5]等根据高分辨率卫星影像成像视场角小的特点，提出了基于平行投影模型的近似核线生成方法：对卫星影像采用基于平行投影传感器模型、基于至少4对同名像点得到直线形式的核线模型。胡芬利用投影轨迹法获取核线在基准面上的方向，沿着核线方向进行投影以获取近似核线。利用该方法可以直接由立体影像的定向参数建立原始影像和核线影像之间的严格坐标对应关系，利用对应关系可以生成核线影像。张过提出了基于有理函数模型，利用投影轨迹法制作线阵推扫式卫星核线影像及其几何模型的重建方法。总的来说，现有方法[6-9]大部分是一种近似的方法，仅对最终的结果进行了试验评价，整个过程缺乏定量分析；另外，核线采样需要一些辅助数据的支撑，或需要DEM数据，或需要重建核线影像的几何模型，核线采样过程复杂。

本章针对线阵CCD推扫式卫星遥感影像，探讨有理函数在投影轨迹法核线模型中的应用，通过试验数据定量分析基于投影轨迹法的扩展核线模型，总结像幅范围内良好的近似直线特性和不平行性；针对IKONOS影像近似的核线平行关系，提出基于平行核线的核线影像生成方法；针对GeoEye影像核线关系不平行特点，借鉴传统框幅式中心投影影像的核线采样方法，探讨具有普遍适应性的方法来生成核线影像。首先借鉴传统影像纠正的方法，将影像纠正成水平像片，分析水平像片的核线关系，试验结果证明，经过线阵推扫式影像纠正后水平影像同原始影像相比，几何变形较小，有利于后续的几何处理，但其核线的平行性不仅没有像我们期望的那样变小，反而呈现变大的趋势，直线的近似特性也呈现同样的变化，这说明传统影像几何纠正的核线生成方法对线阵CCD推扫式影像不适用。其次提出以共面条件为基础的核线影像生成方法，该方法基于反解形式的有理函数模型，通过立体影像的定向参数建立原始影像与核线影像之间的严格坐标对应关系，然后直接在倾斜像片上采集核线影像，最后能够生成子像素级上下视差的近乎严格的核线影像，具有操作简单、实用性强的特点。最后针对目前亚米级高分辨率大幅面的卫星影像，提出两种高精度的核线影像生成方法——自适应分段线性拟合方法和分块核线影像生成方法。上述方法对多种卫星立体影像数据进行了核线影像生成试验，均取得令人满意的结果。目前该方法已被成功应用于天绘卫星影像后续的立体测图和 DEM 自动生成软件模块中。

3.2 经典的遥感卫星影像核线模型[1]

对于框幅式中心投影立体影像，从立体像对上提取三维信息所进行的影像匹配，一个重要的约束条件就是核线约束。立体像对中的左像和右像严格满足核线几何关系，核线的几何关系确定了同名像点必然位于同名核线上，这样利用核线的概念就能将同名像点的二维相关问题，简化为沿同名核线的一维相关问题。给定左像上的一个点，那么它在右像上的同名点总是位于唯一的一条直线上，这条直线由核线的几何关系确定。许多现有的匹配算法都利用这个约束条件来限制匹配的搜索空间以提高匹配的速度和匹配结果的可靠性。

3.2.1 中心投影影像核线模型的建立

我们分析传统的框幅式中心投影影像的核线模型。图 3.1 表示处于摄影位置的立体像对，S 和 S' 分别为左像投影中心和右像投影中心；S 和 S' 的连线

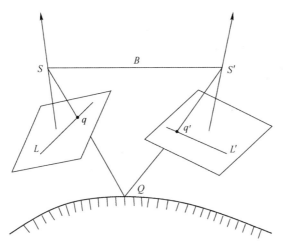

图 3.1 中心投影核线模型

为摄影基线 B；地面点 Q 的投射线 QS 和 QS' 是同名光线；同名光线分别与两像平面的交点 q、q' 为同名像点。摄影基线与任意地面点 Q 构成的平面，称为核面；核面与像平面的交线称为核线；同一核面对应的左右像片上的核线称为同名核线，这就是框幅式中心投影影像核线的几何定义。不难证明，如果 q 和 q' 是同名像点，那么它们一定位于同名核线对 L、L' 上。

对框幅式中心投影影像来说，核线的方程可以直接由共面条件方程推导出来。

由于同一核线上的点均位于同一核面，即满足以下共面条件：

$$\boldsymbol{B} \cdot (\boldsymbol{S}_p \times \boldsymbol{S}_q) = 0, \quad \begin{vmatrix} B_x & B_y & B_z \\ x_p & y_p & -f \\ x & y & -f \end{vmatrix} = 0 \tag{3.1}$$

由此可得左片上通过点 $p(x_p, y_p)$ 的核线 L 满足的数学方程为

$$y = \frac{A}{B}x + \frac{C}{B}f \tag{3.2}$$

式中

$$\begin{cases} A = f \cdot B_y + y_p \cdot B_z \\ B = f \cdot B_x + x_p \cdot B_z \\ C = y_p \cdot B_x - x_p \cdot B_y \end{cases}$$

采用类似的方法可以推导出 L 的同名核线 L' 的数学方程为

$$y' = (A'/B')x' + (C'/B')f \tag{3.3}$$

式中：A'、B'、C' 分别为 p 点坐标、基线 B 以及左右影像之间旋转矩阵的函数。显然，对于给定的点 p，系数 A、B、C 及 A'、B'、C' 均为常数。

3.2.2 核线模型的特性

框幅式中心投影影像核线模型的特性可以归纳如下：

(1) 核线是直线；

(2) 左像（右像）上一条核线的所有点都被投影到右像（左像）的同名核线上，利用这个特性，立体像对匹配问题的搜索过程就可由二维简化为一维；

(3) 由于同名核线对的存在，同名像点对应的两条核线一一对应，两条核线上的所有点也一一对应。

这三条特性，决定了立体像对的左右影像可通过仿射变换实现重采样，生成核线影像，使图像的行方向与核线方向一致，在列方向没有上下视差。

3.3 基于投影轨迹法的扩展核线模型[10]

3.3.1 扩展核线模型的定义

与框幅式中心投影影像相比，线阵推扫式遥感影像的几何关系相对比较复杂，每一行影像均有其自身的投影中心与方位元素。因此，它不可能像常规的框幅式中心投影影像那样具有严格的核线定义。对于线阵推扫式遥感影像，在核线的概念没有被严格建立和描述的情况下，这种几何关系无法应用于该类图像的摄影测量处理过程。针对上述情况，许多摄影测量工作者做了不懈努力，试图建立线阵推扫式影像的核线模型。目前关于线阵推扫式遥感影像的核线模型，理论上最为严密的方法是基于成像几何关系的投影轨迹法。如图3.2所示，一条光线从地面点Q发出，经过左像的投影中心$S(X_S, Y_S, Z_S)$成像于左像上的q点，如果把这条光线上的每一个点都投影到右像上，那么这些点的投影轨迹将在右像上形成一条曲线，这条曲线称为q的核线。如果q'为q的同名点，显然它总是位于这条曲线上。这就是基于投影轨迹法的核线几何定义。

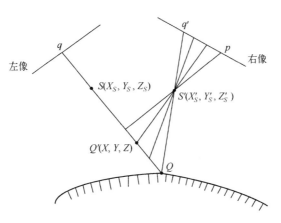

图3.2 投影轨迹法的核线几何定义

实际上，通过分析可以发现，对中心投影影像，基于投影轨迹法的核线模型是线性的，意味着基于投影轨迹法的核线模型与传统的核线模型是完全一致的，应该说基于投影轨迹法的核线模型更具一般性，因此本书称作扩展核线模型。目前研究表明，基于投影轨迹法的核曲线具有如下特性。

（1）通常情况下，核线是类似双曲线的曲线，但在小范围内可看作直线。

（2）对于一幅图像中一条核线上的某点 q 以及距离该点一定范围内的相邻点，其同名像点都位于 q 点的核线上，这个结论在局部范围内是成立的。根据该结论和结论（1），立体像对匹配问题的搜索过程可由二维简化为一维。

（3）同名核线对是存在的。如果两个点是同名像点，那么它们所对应的两条核线是一一对应的，这两条核线上的点也是一一对应的，这个结论可由结论（2）以及立体像对共轭特性推导出来，即这种核线对在局部范围内是存在的。

3.3.2 扩展核线模型的定量分析

根据前面结论，线阵推扫式卫星遥感影像核线模型的特性在局部范围内，与传统框幅式遥感影像的核线类似。框幅式遥感影像的扩展核线模型是直线模型，而线阵推扫式卫星遥感影像的扩展核线模型是曲线模型，实际中为便于应用通常需要做近似直线处理。那么在影像像幅范围内核线的近似直线特性如何？对此必须做进一步定量分析，才能准确掌握该核线的应用特性，为后续的核线采样提供理论依据。下面以国内外多种商业遥感卫星影像为研究对象，具体定量分析核曲线的近似直线特性。主要思路是：从原始的遥感卫星影像左像选择均匀分布的若干像点，根据线阵遥感影像扩展核线模型定义，在右像上寻找其核线关系，并统计这种核线的直线近似特性。

1）试验数据

试验数据 1 选择北京某地区 IKONOS 立体像对如图 3.3 所示，为原始影像经过辐射纠正后的产品，未做其他任何几何处理，图像大小为 5057×8063pixel，提供的定向参数文件为标准 RPC 格式。

试验数据 2 选择境内某区域立体 GeoEye 卫星影像，如图 3.4 所示。该影像数据包含立体影像数据以及对应的 RPC 定向参数文件，图像大小为 26928×15668pixel。

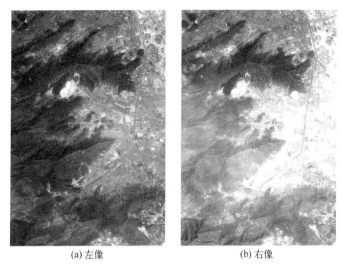

(a) 左像　　　　　　　　　(b) 右像

图 3.3　IKONOS 卫星影像数据

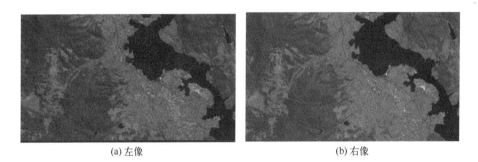

(a) 左像　　　　　　　　　(b) 右像

图 3.4　GeoEye 卫星影像数据

试验数据 3 采用国内某地区天绘一号卫星三线阵影像，如图 3.5 所示，该影像数据包含三景影像数据以及对应的 RPC 定向参数文件。

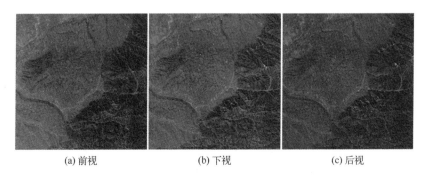

(a) 前视　　　　　(b) 下视　　　　　(c) 后视

图 3.5　天绘一号卫星影像数据

试验数据 4 采用国内某地区资源三号卫星的一景三线阵影像,如图 3.6 所示。与天绘一号卫星影像略有不同的是,其下视影像分辨率是 2.5m,该影像数据同样包含三景影像数据以及对应的 RPC 定向参数文件。

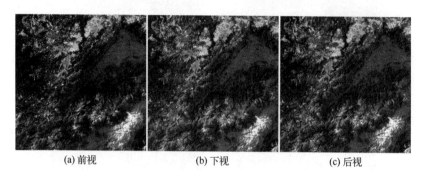

(a) 前视　　　　　　　(b) 下视　　　　　　　(c) 后视

图 3.6　资源三号卫星影像数据

2) 试验方法

(1) 从左像上选择均匀分布的若干点。本次试验共选取 100 个测试点,整幅影像上的点位大约分布 10 行×10 列,每个固定的影像块选择其中心点作为测试点。

(2) 根据每一个测试点在左影像上的像点坐标(x,y),利用左片的 RPC 参数,按照投影轨迹法确定一条通过投影中心和像点的空间直线,然后利用右片的 RPC 参数,将该空间直线上的点逐一投影到右片上,这些点在右片上的投影的轨迹就是对应的核线。

(3) 对该核曲线,通过数据拟合的方法确定一条最接近该曲线的近似直线,然后统计这条曲线上所有点与这条拟合直线的最大距离。

(4) 对 100 个测试点,逐步执行上述操作。确定 100 个点对应的 100 条直线的曲率以及每条曲线上与直线拟合差异最大的距离。

3) 试验结果

(1) IKONOS 试验结果。

表 3.1 描述了上述试验中 100 个点对应的核曲线经过直线拟合后的直线倾角。描述了 100 个点对应的核曲线拟合直线后,核曲线上的点与直线之间的最大距离,该距离实际描述了该曲线的直线拟合特性。为了验证核线共轭特性,采用同样试验数据和试验方法又从右片向左片进行。同样统计结果。结果如表 3.1~表 3.4 所列。

（2）GeoEye 试验结果

试验过程类似，试验结果如表 3.5~表 3.8 所列。

（3）天绘一号卫星试验结果。

试验过程与前面类似，这里不再重复。表 3.9 描述了前视影像上均匀分布的 100 个点对应在后视影像上核曲线拟合后的直线倾角。表 3.10 描述了前视影像上均匀分布的 100 个点对应在后视影像上核曲线拟合直线与核曲线上点的最大距离。表 3.11 描述了后视影像上均匀分布的 100 个点对应在前视影像上核曲线拟合后的直线倾角。表 3.12 描述了后视影像上均匀分布的 100 个点对应在前视影像上核曲线拟合直线与核曲线上点的最大距离。

（4）资源三号卫星试验结果。

表 3.13~表 3.16 描述了资源三号卫星试验结果。

4）分析和结论

（1）IKONOS 结果分析。

从表 3.1 可以看出，整体均匀分布在左像范围内的 100 个点，其对应的核曲线曲率非常接近，最大值：75.49091°，最小值：75.48183°，变化范围大约为 0.00908°。如果用 100 个点对应曲线拟合后的直线倾角的平均值 75.48679°作为整幅核线影像的排列方向，那么因排列方向差造成的误差则在影像的边缘处为最大，约为 0.415pixel。从表 3.2 可以看出，整体均匀分布在影像范围内的 100 个点，其对应的核曲线经过直线拟合后，点位的拟合误差非常小，最大值为 0.156pixel。

从表 3.3 可以看出，整体均匀分布在右像范围内的 100 个点，其对应的核曲线曲率也非常接近，最大值：75.49106°，最小值：75.48209°，变化范围大约为 0.00897°。如果用 100 个点对应曲线拟合后的直线倾角的平均值 75.48698°作为整幅核线影像的排列方向，那么因排列方向差造成的误差则在影像的边缘处为误差，约为 0.415pixel。

从表 3.4 可以看出，整体均匀分布在右像范围内的 100 个点，其对应的核曲线经过直线拟合后，点位的拟合误差非常小，最大值为 0.134pixel。

（2）GeoEye 结果分析。

从表 3.5~表 3.8 来看，GeoEye 卫星影像右片上核线的方向最大值为 74.16522°，最小值为 75.14943°，大约 0.015°的变化范围，左片上核线的方向最大值：74.16546°，最小值：75.1491°，大约 0.016°的变化范围；对比 IKONOS 影像发现，GeoEye 卫星核线关系倾角的变化范围比 IKONOS 影像大，

表 3.1 IKONOS 右片核线拟合直线的倾角（°）

x/pixel	y/pixel									
	400	1200	2000	2800	3600	4400	5200	6000	6800	7600
250	75.48788	75.49014	75.49058	75.48937	75.48817	75.48696	75.48576	75.48455	75.48335	75.48214
750	75.48814	75.49038	75.49035	75.48924	75.48812	75.48700	75.48588	75.48477	75.48365	75.48253
1250	75.48841	75.49064	75.49010	75.48906	75.48802	75.48698	75.48593	75.48489	75.48384	75.48279
1750	75.48869	75.49091	75.48992	75.48894	75.48795	75.48696	75.48596	75.48497	75.48397	75.48297
2250	75.48903	75.49076	75.48981	75.48886	75.48790	75.48695	75.48599	75.48502	75.48406	75.48309
2750	75.48930	75.49050	75.48957	75.48864	75.48770	75.48676	75.48582	75.48487	75.48392	75.48297
3250	75.48957	75.49029	75.48936	75.48842	75.48748	75.48654	75.48559	75.48464	75.48369	75.48290
3750	75.48983	75.49000	75.48904	75.48809	75.48712	75.48616	75.48519	75.48421	75.48323	75.48327
4250	75.49008	75.48972	75.48873	75.48773	75.48673	75.48572	75.48471	75.48369	75.48267	75.48367
4750	75.49031	75.48932	75.48827	75.48721	75.48614	75.48507	75.48400	75.48292	75.48183	75.48395

表 3.2 IKONOS 右片拟合直线的最大误差（pixel）

x/pixel	y/pixel									
	400	1200	2000	2800	3600	4400	5200	6000	6800	7600
250	0.00045	0.03811	0.07616	0.06810	0.06232	0.05710	0.05192	0.04678	0.04167	0.03661
750	0.00254	0.04969	0.07475	0.06929	0.06533	0.06141	0.05753	0.05368	0.04988	0.04611
1250	0.00633	0.06270	0.07305	0.07054	0.06806	0.06562	0.06322	0.06086	0.05853	0.05624
1750	0.01190	0.07718	0.07569	0.07455	0.07345	0.07239	0.07137	0.07039	0.06945	0.06855
2250	0.01841	0.07724	0.07740	0.07759	0.07782	0.07809	0.07840	0.07874	0.07913	0.07955

（续）

x/pixel	y/pixel									
	400	1200	2000	2800	3600	4400	5200	6000	6800	7600
2750	0.02771	0.07889	0.08054	0.08222	0.08395	0.08571	0.08751	0.08935	0.09123	0.09314
3250	0.03932	0.08349	0.08662	0.08980	0.09302	0.09627	0.09957	0.10290	0.10627	0.10247
3750	0.05354	0.08750	0.09215	0.09684	0.10157	0.10634	0.11115	0.11599	0.12088	0.08580
4250	0.07076	0.09459	0.10082	0.10710	0.11341	0.11976	0.12615	0.13258	0.13905	0.07147
4750	0.09138	0.10102	0.10879	0.11660	0.12445	0.13233	0.14026	0.14823	0.15623	0.05629

表 3.3　IKONOS 左片核线拟合直线的倾角（°）

x/pixel	y/pixel									
	400	1200	2000	2800	3600	4400	5200	6000	6800	7600
250	75.48784	75.48983	75.49022	75.48910	75.48797	75.48684	75.48571	75.48457	75.48342	75.48228
750	75.48818	75.49018	75.49014	75.48910	75.48805	75.48700	75.48595	75.48489	75.48383	75.48277
1250	75.48858	75.49059	75.49010	75.48912	75.48813	75.48714	75.48615	75.48515	75.48415	75.48314
1750	75.48893	75.49093	75.48999	75.48904	75.48810	75.48714	75.48619	75.48523	75.48427	75.48331
2250	75.48932	75.49084	75.48991	75.48898	75.48805	75.48712	75.48618	75.48525	75.48430	75.48336
2750	75.48966	75.49068	75.48975	75.48882	75.48788	75.48694	75.48601	75.48506	75.48412	75.48317
3250	75.49004	75.49056	75.48961	75.48865	75.48770	75.48674	75.48578	75.48482	75.48385	75.48306
3750	75.49041	75.49041	75.48942	75.48836	75.48736	75.48636	75.48535	75.48435	75.48334	75.48334
4250	75.49071	75.49018	75.48913	75.48807	75.48701	75.48595	75.48488	75.48382	75.48275	75.48357
4750	75.49106	75.49003	75.48890	75.48777	75.48664	75.48550	75.48437	75.48323	75.48209	75.48381

表 3.4 IKONOS 左片拟合直线的最大误差（pixel）

x/pixel	y/pixel								
	400	1200	2000	2800	3600	4400	5200	6000	6800	7600
250	0.00037	0.03548	0.06924	0.06499	0.06071	0.05640	0.05207	0.04770	0.04332	0.03890
750	0.00213	0.04667	0.07035	0.06767	0.06497	0.06223	0.05947	0.05668	0.05386	0.05102
1250	0.00491	0.05804	0.07017	0.06899	0.06777	0.06654	0.06527	0.06398	0.06266	0.06131
1750	0.00943	0.07244	0.07202	0.07237	0.07268	0.07297	0.07324	0.07347	0.07368	0.07386
2250	0.01475	0.07097	0.07249	0.07422	0.07592	0.07760	0.07925	0.08087	0.08246	0.08403
2750	0.02221	0.07186	0.07510	0.07832	0.08150	0.08466	0.08779	0.09089	0.09397	0.09702
3250	0.03029	0.07168	0.07620	0.08069	0.08515	0.08959	0.09400	0.09838	0.10274	0.10061
3750	0.03980	0.07183	0.07756	0.08551	0.09141	0.09729	0.10314	0.10896	0.11475	0.08477
4250	0.05222	0.07414	0.08127	0.08838	0.09546	0.10251	0.10953	0.11653	0.12349	0.06922
4750	0.06512	0.07672	0.08510	0.09345	0.10178	0.11007	0.11834	0.12658	0.13480	0.05601

表 3.5 右像核线拟合直线的倾角（°）

x/pixel	y/pixel								
	1300	3900	6500	9100	11700	14300	16900	19500	22100	24700
1300	74.16522	74.16247	74.16028	74.15901	74.15775	74.15649	74.15524	74.15399	74.15274	74.15150
3900	74.16487	74.16212	74.16018	74.15891	74.15765	74.15639	74.15514	74.15389	74.15265	74.15141
6500	74.16446	74.16172	74.16008	74.15881	74.15755	74.15630	74.15504	74.15379	74.15255	74.15131
9100	74.16411	74.16137	74.15998	74.15871	74.15745	74.15620	74.15494	74.15370	74.15245	74.15121
11700	74.16370	74.16108	74.15982	74.15855	74.15729	74.15604	74.15479	74.15354	74.15229	74.15106

（续）

x/pixel	y/pixel							
	1300	3900	6500	9100	11700	14300	16900	19500	22100	24700
14300	74.16336	74.16104	74.15978	74.15851	74.15725	74.15600	74.15475	74.15350	74.15226	74.15096
16900	74.16295	74.16088	74.15961	74.15835	74.15709	74.15584	74.15459	74.15334	74.15210	74.15056
19500	74.16254	74.16078	74.15951	74.15825	74.15699	74.15574	74.15449	74.15324	74.15200	74.15022
22100	74.16219	74.16067	74.15941	74.15815	74.15689	74.15563	74.15438	74.15314	74.15190	74.14982
24700	74.16178	74.16051	74.15924	74.15798	74.15672	74.15547	74.15422	74.15298	74.15174	74.14943

表 3.6 右像拟合直线的最大误差（pixel）

x/pixel	y/pixel									
	1300	3900	6500	9100	11700	14300	16900	19500	22100	24700
1300	0.00025	0.01595	0.03818	0.03811	0.03804	0.03797	0.03790	0.03783	0.03776	0.03769
3900	0.00151	0.02224	0.03990	0.03983	0.03976	0.03968	0.03961	0.03954	0.03947	0.03939
6500	0.00327	0.02802	0.03799	0.03792	0.03786	0.03779	0.03772	0.03765	0.03758	0.03751
9100	0.00640	0.03618	0.03970	0.03963	0.03956	0.03949	0.03942	0.03935	0.03928	0.03921
11700	0.00965	0.03968	0.03961	0.03954	0.03947	0.03941	0.03934	0.03927	0.03920	0.03912
14300	0.01464	0.03957	0.03950	0.03944	0.03937	0.03930	0.03923	0.03916	0.03909	0.03726
16900	0.01937	0.03948	0.03941	0.03935	0.03928	0.03921	0.03915	0.03908	0.03901	0.03053
19500	0.02475	0.03759	0.03753	0.03746	0.03740	0.03734	0.03727	0.03721	0.03715	0.02307
22100	0.03241	0.03928	0.03922	0.03915	0.03909	0.03902	0.03896	0.03889	0.03882	0.01786
24700	0.03925	0.03919	0.03913	0.03906	0.03900	0.03893	0.03887	0.03880	0.03874	0.01333

表 3.7 左像核线拟合直线的倾角 (°)

x/pixel	y/pixel								
	1300	3900	6500	9100	11700	14300	16900	19500	22100	24700
1300	74.16546	74.16331	74.16148	74.16021	74.15894	74.15768	74.15642	74.15517	74.15392	74.15268
3900	74.16498	74.16283	74.16114	74.15987	74.15861	74.15735	74.15609	74.15484	74.15359	74.15235
6500	74.16447	74.16232	74.16077	74.15950	74.15824	74.15698	74.15572	74.15447	74.15323	74.15198
9100	74.16399	74.16184	74.16046	74.15920	74.15794	74.15668	74.15543	74.15418	74.15293	74.15169
11700	74.16348	74.16136	74.16009	74.15883	74.15757	74.15631	74.15506	74.15381	74.15257	74.15133
14300	74.16297	74.16103	74.15976	74.15849	74.15723	74.15598	74.15473	74.15348	74.15224	74.15100
16900	74.16249	74.16069	74.15942	74.15816	74.15690	74.15565	74.15440	74.15315	74.15191	74.15057
19500	74.16198	74.16036	74.15909	74.15783	74.15657	74.15532	74.15407	74.15282	74.15158	74.15010
22100	74.16150	74.16002	74.15876	74.15750	74.15624	74.15499	74.15374	74.15249	74.15125	74.14960
24700	74.16099	74.15966	74.15839	74.15713	74.15587	74.15462	74.15338	74.15213	74.15089	74.14910

表 3.8 左像拟合直线的最大误差 (pixel)

x/pixel	y/pixel								
	1300	3900	6500	9100	11700	14300	16900	19500	22100	24700
1300	0.00005	0.00842	0.02160	0.02157	0.02154	0.02151	0.02148	0.02145	0.02142	0.02140
3900	0.00051	0.01191	0.02265	0.02262	0.02259	0.02256	0.02253	0.02250	0.02247	0.02244
6500	0.00133	0.01513	0.02267	0.02264	0.02261	0.02258	0.02255	0.02252	0.02249	0.02246
9100	0.00290	0.01971	0.02270	0.02267	0.02264	0.02261	0.02258	0.02255	0.02252	0.02249
11700	0.00459	0.02276	0.02273	0.02270	0.02267	0.02264	0.02261	0.02258	0.02255	0.02252

（续）

x/pixel					y/pixel					
	1300	3900	6500	9100	11700	14300	16900	19500	22100	24700
14300	0.00668	0.02176	0.02173	0.02170	0.02167	0.02164	0.02161	0.02158	0.02155	0.02152
16900	0.00984	0.02283	0.02280	0.02277	0.02274	0.02271	0.02268	0.02265	0.02262	0.01956
19500	0.01280	0.02183	0.02180	0.02177	0.02174	0.02171	0.02169	0.02166	0.02163	0.01504
22100	0.01707	0.02291	0.02288	0.02285	0.02282	0.02279	0.02276	0.02273	0.02270	0.01184
24700	0.02093	0.02295	0.02292	0.02289	0.02286	0.02283	0.02280	0.02277	0.02274	0.00903

表 3.9 后视影像核线拟合直线的倾角（°）（与前视构成立体）

x/pixel					y/pixel					
	600	1800	3000	4200	5400	6600	7800	9000	10200	11400
600	89.12579	89.12580	89.12580	89.12581	89.12581	89.12582	89.12583	89.12583	89.12584	89.12585
1800	89.12579	89.12580	89.12580	89.12581	89.12582	89.12582	89.12583	89.12583	89.12584	89.12585
3000	89.12579	89.12580	89.12580	89.12581	89.12581	89.12582	89.12583	89.12584	89.12584	89.12585
4200	89.12579	89.12580	89.12580	89.12581	89.12582	89.12582	89.12583	89.12584	89.12584	89.12585
5400	89.12579	89.12580	89.12580	89.12581	89.12581	89.12582	89.12583	89.12584	89.12584	89.12587
6600	89.12579	89.12580	89.12580	89.12581	89.12582	89.12582	89.12583	89.12584	89.12584	89.12587
7800	89.12584	89.12585	89.12586	89.12587	89.12587	89.12588	89.12589	89.12589	89.12590	89.12589
9000	89.12593	89.12594	89.12595	89.12595	89.12596	89.12597	89.12598	89.12598	89.12599	89.12592
10200	89.12602	89.12603	89.12603	89.12604	89.12605	89.12606	89.12606	89.12607	89.12608	89.12604
11400										89.12610—

表 3.10 后视影像拟合直线的最大误差（pixel）（与前视构成立体）

x/pixel	y/pixel									
	600	1800	3000	4200	5400	6600	7800	9000	10200	11400
600	0.01269	0.01257	0.01257	0.01266	0.01266	0.01255	0.01254	0.01253	0.01263	0.01265
1800	0.01273	0.01261	0.01261	0.01270	0.01269	0.01258	0.01258	0.01267	0.01267	0.01268
3000	0.01276	0.01264	0.01274	0.01273	0.01262	0.01261	0.01271	0.01270	0.01269	0.01270
4200	0.01267	0.01266	0.01276	0.01275	0.01263	0.01262	0.01272	0.01271	0.01270	0.01272
5400	0.01268	0.01277	0.01276	0.01265	0.01264	0.01273	0.01272	0.01271	0.01271	0.01273
6600	0.01268	0.01277	0.01276	0.01264	0.01274	0.01273	0.01272	0.01271	0.01259	0.01258
7800	0.01277	0.01275	0.01264	0.01263	0.01272	0.01271	0.01270	0.01258	0.01257	0.01256
9000	0.01121	0.01120	0.01109	0.01108	0.01107	0.01106	0.01096	0.01095	0.01094	0.01092
10200	0.00895	0.00894	0.00885	0.00884	0.00883	0.00874	0.00873	0.00872	0.00872	0.00870
11400	0.00695	0.00687	0.00686	0.00685	0.00685	0.00677	0.00676	0.00676	0.00675	0.00672

表 3.11 前视影像核线拟合直线的倾角（°）（与后视构成立体）

x/pixel	y/pixel									
	600	1800	3000	4200	5400	6600	7800	9000	10200	11400
600	89.11989	89.11989	89.11990	89.11991	89.11991	89.11992	89.11992	89.11993	89.11994	89.11994
1800	89.11989	89.11989	89.11990	89.11991	89.11991	89.11992	89.11992	89.11993	89.11994	89.11995
3000	89.11989	89.11990	89.11990	89.11991	89.11991	89.11992	89.11992	89.11993	89.11994	89.11995
4200	89.11989	89.11990	89.11990	89.11991	89.11991	89.11992	89.11992	89.11993	89.11994	89.11995
5400	89.11989	89.11990	89.11990	89.11991	89.11991	89.11992	89.11993	89.11993	89.11994	89.11995

（续）

x/pixel	y/pixel								
	600	1800	3000	4200	5400	6600	7800	9000	10200	11400
6600	89.11989	89.11989	89.11990	89.11991	89.11991	89.11992	89.11993	89.11993	89.11994	89.11995
7800	89.11988	89.11989	89.11990	89.11990	89.11991	89.11992	89.11993	89.11993	89.11994	89.11995
9000	89.11982	89.11983	89.11984	89.11984	89.11985	89.11986	89.11987	89.11988	89.11988	89.11989
10200	89.11973	89.11974	89.11975	89.11976	89.11977	89.11978	89.11978	89.11979	89.11980	89.11980
11400	89.11965	89.11966	89.11967	89.11968	89.11968	89.11969	89.11970	89.11971	89.11972	89.11972

表 3.12　前视影像拟合直线的最大误差（pixel）（与后视构成立体）

x/pixel	y/pixel								
	600	1800	3000	4200	5400	6600	7800	9000	10200	11400
600	0.01269	0.01269	0.01269	0.01269	0.01279	0.01269	0.01269	0.01269	0.01268	0.01268
1800	0.01260	0.01271	0.01260	0.01260	0.01260	0.01271	0.01261	0.01261	0.01260	0.01260
3000	0.01252	0.01252	0.01253	0.01253	0.01253	0.01264	0.01254	0.01254	0.01254	0.01254
4200	0.01246	0.01246	0.01246	0.01247	0.01247	0.01247	0.01248	0.01248	0.01248	0.01249
5400	0.01240	0.01241	0.01241	0.01242	0.01242	0.01243	0.01253	0.01244	0.01244	0.01244
6600	0.01236	0.01237	0.01237	0.01238	0.01239	0.01239	0.01240	0.01240	0.01241	0.01241
7800	0.01233	0.01234	0.01235	0.01235	0.01236	0.01237	0.01237	0.01248	0.01239	0.01239
9000	0.01047	0.01048	0.01048	0.01058	0.01059	0.01060	0.01060	0.01061	0.01071	0.01071
10200	0.00835	0.00835	0.00836	0.00836	0.00845	0.00846	0.00846	0.00846	0.00847	0.00856
11400	0.00639	0.00647	0.00647	0.00648	0.00655	0.00656	0.00656	0.00657	0.00657	0.00665

表 3.13 后视影像核线拟合直线的倾角（°）（与前视构成立体）

x/pixel	\multicolumn{8}{c}{y/pixel}
	800	2400	4000	5600	7200	8800	10400	12000	13600	15200
800	89.99326	89.99239	89.99266	89.99291	89.99310	89.99332	89.99351	89.99367	89.99383	89.99397
2400	89.99624	89.99355	89.99380	89.99406	89.99430	89.99451	89.99471	89.99490	89.99508	89.99520
4000	89.99750	89.99439	89.99467	89.99494	89.99518	89.99541	89.99560	89.99580	89.99599	89.99615
5600	89.99529	89.99495	89.99524	89.99551	89.99575	89.99599	89.99621	89.99642	89.99661	89.99678
7200	89.99578	89.99519	89.99547	89.99574	89.99600	89.99624	89.99647	89.99668	89.99688	89.99707
8800	89.99610	89.99508	89.99536	89.99564	89.99589	89.99614	89.99637	89.99658	89.99680	89.99699
10400	89.99628	89.99462	89.99490	89.99518	89.99544	89.99569	89.99592	89.99617	89.99637	89.99657
12000	89.99453	89.99382	89.99411	89.99440	89.99467	89.99493	89.99520	89.99543	89.99565	89.99585
13600	89.99620	89.99270	89.99302	89.99332	89.99360	89.99392	89.99418	89.99443	89.99466	89.99490
15200	89.99547	89.99158	89.99191	89.99223	89.99253	89.99283	89.99311	89.99341	89.99367	89.99391

表 3.14 后视影像拟合直线的最大误差（pixel）（与前视构成立体）

x/pixel	\multicolumn{8}{c}{y/pixel}
	800	2400	4000	5600	7200	8800	10400	12000	13600	15200
800	0.07651	0.08325	0.08452	0.08589	0.08854	0.09014	0.09183	0.09313	0.09498	0.09689
2400	0.05632	0.06485	0.06584	0.06608	0.06630	0.06617	0.06741	0.06873	0.07014	0.07276
4000	0.04385	0.05381	0.05388	0.05395	0.05372	0.05380	0.05462	0.05469	0.05476	0.05481
5600	0.03956	0.04057	0.04060	0.04052	0.04127	0.04136	0.04146	0.04157	0.04168	0.04180
7200	0.04628	0.02480	0.02558	0.02566	0.02579	0.02594	0.02613	0.02634	0.02658	0.02690

（续）

x/pixel	y/pixel								
	800	2400	4000	5600	7200	8800	10400	12000	13600	15200
8800	0.04859	0.03269	0.03216	0.03158	0.03096	0.03030	0.02960	0.02877	0.02705	0.02626
10400	0.03421	0.05456	0.05355	0.05251	0.05143	0.05045	0.04930	0.04701	0.04583	0.04464
12000	0.05728	0.07556	0.07395	0.07264	0.07097	0.06927	0.06624	0.06455	0.06284	0.06112
13600	0.04729	0.09651	0.09474	0.09245	0.09013	0.08626	0.08396	0.08166	0.07936	0.07745
15200	0.03592	0.10916	0.10645	0.10371	0.10097	0.09822	0.09546	0.09323	0.09046	0.08770

表 3.15 前视影像核线拟合直线的倾角（°）（与后视构成立体）

x/pixel	y/pixel								
	800	2400	4000	5600	7200	8800	10400	12000	13600	15200
800	89.98998	89.98979	89.98960	89.98944	89.98928	89.98914	89.98902	89.98894	89.98885	89.98877
2400	89.99135	89.99119	89.99101	89.99084	89.99068	89.99060	89.99047	89.99035	89.99028	89.99018
4000	89.99374	89.99352	89.99333	89.99312	89.99293	89.99280	89.99263	89.99248	89.99233	89.99222
5600	89.99554	89.99529	89.99505	89.99483	89.99461	89.99444	89.99424	89.99406	89.99388	89.99372
7200	89.99677	89.99649	89.99623	89.99597	89.99573	89.99550	89.99530	89.99509	89.99490	89.99472
8800	89.99738	89.99709	89.99680	89.99653	89.99628	89.99602	89.99579	89.99557	89.99536	89.99517
10400	89.99735	89.99707	89.99679	89.99652	89.99626	89.99601	89.99574	89.99551	89.99530	89.99509
12000	89.99688	89.99657	89.99630	89.99603	89.99578	89.99553	89.99529	89.99504	89.99478	89.99457
13600	89.99610	89.99581	89.99554	89.99522	89.99496	89.99470	89.99445	89.99421	89.99396	89.99373
15200	89.99513	89.99485	89.99453	89.99425	89.99391	89.99363	89.99337	89.99310	89.99285	89.99258

表 3.16 前视影像拟合直线的最大误差（pixel）（与后视构成立体）

x/pixel	y/pixel								
	800	2400	4000	5600	7200	8800	10400	12000	13600	15200
800	0.14884	0.14479	0.14084	0.13699	0.13321	0.12951	0.12585	0.12280	0.11922	0.11567
2400	0.15011	0.14586	0.14138	0.13705	0.13283	0.12837	0.12615	0.12376	0.12198	0.11929
4000	0.10687	0.10654	0.10645	0.10551	0.10431	0.10137	0.09980	0.09807	0.09619	0.09469
5600	0.08009	0.08003	0.07965	0.07934	0.07845	0.07604	0.07481	0.07343	0.07193	0.07031
7200	0.05488	0.05461	0.05410	0.05339	0.05253	0.05150	0.04920	0.04797	0.04664	0.04522
8800	0.02681	0.02790	0.02897	0.03003	0.03111	0.03351	0.03490	0.03605	0.03723	0.03843
10400	0.05086	0.05244	0.05390	0.05529	0.05664	0.05798	0.06076	0.06201	0.06338	0.06477
12000	0.06510	0.06902	0.07141	0.07362	0.07570	0.07769	0.07963	0.08116	0.08463	0.08650
13600	0.07932	0.08142	0.08458	0.08905	0.09188	0.09459	0.09721	0.09976	0.10173	0.10417
15200	0.10880	0.10861	0.10858	0.10913	0.11202	0.11311	0.11442	0.11746	0.12062	0.12308

也就是核线的平行性差。不过对每一条核线的直线近似特性与 IKONOS 影像相当。那么对右片，如果用 100 个点对应曲线拟合后的直线倾角的平均值 75.15728° 作为整幅核线影像的排列方向，那么因排列方向差造成的误差则在影像的边缘处为误差最大，约为 1.96pixel。另外从表 3.6 和表 3.8 可以看出，整体均匀分布在影像范围内的 100 个点，其对应的核曲线经过直线拟合后，点位的拟合误差非常小，最大值为 0.039pixel。

(3) 天绘一号卫星结果分析。

从表 3.9~表 3.12 的结果可以看出，对于天绘一号卫星影像，核线的近似直线拟合特性非常好，另外由于影像在存储时，影像行方向与基线方向垂直，因此实际构成立体时，应将影像旋转 90°，因此实际测试核线的倾斜角度非常接近 90°。如果对应旋转后的影像，则非常接近 0°。即对天绘一号卫星影像，原始影像上下视差基本接近核线影像。为什么会出现这种情况，分析其原因主要有两个：①对于三线阵影像，其三线阵 CCD 排列的位置关系比较固定，并且三线阵的基线方向基本与线阵 CCD 的排列方向垂直，因此上下视差主要分布在飞行方向。如果飞行方向考虑卫星的稳定的姿态，则在这个方向的投影关系就是平行投影，而平行投影和水平影像的中心投影关系类似，核线的关系也是垂直于 CCD 的排列方向。②核线的近似直线特性非常好，甚至优于 IKONOS 影像，主要原因是天绘一号卫星影像为了提高三线阵影像之间的内部符合精度，对三线阵影像进行了整体平差，平差过程中对三线阵的定向参数进行了优化，优化的一个重要依据就是消除上下视差，这个优化的前提就是假定三线阵影像之间的上下视差为零。

(4) 资源三号卫星结果分析。

资源三号卫星影像的试验结果，实际与天绘一号卫星的结果基本一致，原因也是相同的。从这两种国产数据源的结果来看，表面上我们提到的定量分析结果以及通过旋转生成核线影像的方法无法进一步直接验证，但实际上对于我们的方法却是一种间接的验证。因为这两种影像数据源均采用三线阵的传感器，它们的核线关系基本上与影像行的方向接近。在这种条件下，这两种数据在发布标准产品时，都进行整体平差处理，其整体平差处理的基本依据就是假定上下视差为零，也就是认为核线的近似直线特性，其拟合可以达到子像素的精度。

(5) 总结与分析。

对比 IKONOS 影像可以发现，GeoEye 影像像幅范围内核线的倾角变化范围比 IKONOS 影像大，也就是核线的平行性差。对于 IKONOS 影像，在子像素的精度范围内，像幅内的核线之间可以认为是平行的，但对于 GeoEye 卫星，核线则是不平行的。初步分析，主要原因是：影像的像幅范围发生了很大的变化，本次试验用的 IKONOS 只有 5057×8063pixel，而 Geoeye 影像却有 26928×15668pixel，大小增加了 4 倍。对于 IKONOS 影像，从试验结果可知，其扩展核线模型在像幅范围内，不仅有良好的直线近似特性，而且核线之间具有近似的平行关系。如果按照近似平行的关系，这种核线影像的采样也变得比较简单。直接按照核线的倾斜角度进行旋转，即可生成没有上下视差的核线影像。

从以上分析可以得出结论：基于投影轨迹法的核线模型，对于不同图幅范围的遥感影像，其平行特性是有明显差异的，但在像幅范围内，直线的近似特性满足子像素的处理要求，因此在像幅范围内，可以把这种核曲线的模型看作直线来处理。这实际上与框幅式航空遥感影像的核线特性相似，水平影像上核线相互平行，倾斜像片上的核线不平行。这种核线模型可以当作直线来处理，与传统的核线相似，是否可以参考传统的核线采样方法呢？

3.4 核线影像的重采样

通过前面的分析可知，基于投影轨迹法的核线模型是曲线模型，但是在局部范围内这种曲线模型可以当作直线处理，并且与传统的框幅式影像核线关系一样具有共轭特性。完整的核线理论，不仅要建立数学模型和相应的理论，还要实现在匹配中的应用，以提高影像匹配的速度和精度；更重要的是要完成核线影像的生成，满足常规测绘作业对立体核线影像的需求。传统核线影像生成的方法基本上可以分为两类：一是基于数字影像的几何纠正；二是基于共面条件。基于数字影像的几何纠正方法，本质上是一个数字纠正，将倾斜像片上的核线投影到"水平"像片对上，求得水平像片的同名核线；基于共面条件方法可以直接在倾斜像片上确定核线的方向，从而根据核线的一个起点坐标及方向，确定核线在倾斜像片上的位置。根据上述两种方法，我们尝试基于投影轨迹法的核线影像生成。

3.4.1 有理函数模型在投影轨迹法中的应用

建立投影轨迹法的前提是必须确定一条空间直线，这条直线通过投影中心和一张像片上的像点,将这条空间直线投影到另一张像片上才能形成核曲线概念。严格模型很容易解决上述问题,但目前遥感卫星影像多采用有理函数模型,那么对于有理函数模型,没有提供投影中心,如何确定空间直线呢?我们先来分析有理函数的基本形态,有理函数包括两种形式。

正解形式为

$$\begin{cases} r_n = \dfrac{p_1(X_n, Y_n, Z_n)}{p_2(X_n, Y_n, Z_n)} \\ c_n = \dfrac{p_3(X_n, Y_n, Z_n)}{p_4(X_n, Y_n, Z_n)} \end{cases} \quad (3.4)$$

反解形式为

$$\begin{cases} X_n = \dfrac{p_5(r_n, c_n, Z_n)}{p_6(r_n, c_n, Z_n)} \\ Y_n = \dfrac{p_7(r_n, c_n, Z_n)}{p_8(r_n, c_n, Z_n)} \end{cases} \quad (3.5)$$

一般遥感影像提供的 RPC 参数均为正解形式,实际在影像处理中为了处理的方便,往往需要用反解形式的 RPC 参数。利用正解形式,可以根据地面点坐标求解对应的像点坐标,而利用反解形式,则可根据已知地面点的高度和其对应在一张像片上的像素坐标计算地面点的平面坐标。基于反解形式,如果知道某一张像片上某一个像点的坐标,同时知道对应地面点的高程,就可以确定其平面坐标。那么,如果知道一个像点坐标,同时知道这个像点对应的地面点的高程变换范围,是否可以确定一条通过该像点和对应若干不同高度地面点的空间直线呢?根据这个思路就很容易利用有理函数实现投影轨迹法的应用。具体步骤如图 3.7 所示。

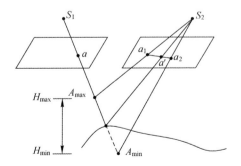

图 3.7 基于有理函数的投影轨迹法模型应用

(1) 针对立体像对左像上的任意一点 $a(x,y)$，结合地面点可能的高程范围 (H_{max}, H_{min})，利用反解形式的有理函数模型，可以确定与该像点 $a(x,y)$ 对应的高程分别为 H_{max}、H_{min} 时两个地面点的平面坐标 $A_{max}(X_1, Y_1, Z_1)$ 和 $A_{min}(X_2, Y_2, Z_2)$。

(2) 根据地面点 A_{max} 和 A_{min} 的物方坐标，利用右像的正解有理函数模型将其投影到右像上，形成的直线为 $a_1 a_2$。

(3) 根据线阵卫星遥感影像扩展核线模型的近似直线特性，可知左像上的像点 a 的同名像点 a' 必然位于直线 $a_1 a_2$ 上，如图 3.7 所示。利用上述方法就可以实现基于有理函数模型的扩展核线模型应用。

3.4.2 基于平行核线的核线影像生成

对于传统框幅式遥感影像，核线在一般倾斜影像上是不平行的。但是，对于 IKONOS 影像，从试验结果可知，其扩展核线模型在像幅范围内，具有良好的直线近似特性，核线的近似直线误差最大不超过 0.571pixel，可以达到子像素的精度要求；而且核线之间具有近似的平行关系，这种近似带来的误差也在子像素的精度内，如果按照近似平行的关系，这种核线影像的采样也变得比较简单：直接按照核线的倾斜角度进行旋转，即可生成没有上下视差的核线影像。下面利用 3.4.1 节的影像数据进行核线的重采样试验，对这种核线采样方法进行应用试验分析。

1) 试验数据

试验数据同 3.4.1 节的数据，采用 IKONOS 立体像对和 GeoEye 的立体像对，为原始影像经过辐射纠正后的产品，未做其他任何几何处理。

2) 采样过程

根据上述的分析，可以按照统计的直线平均倾角作为整幅核线影像的旋转方向，对原始影像进行旋转，旋转后的影像即为采样后的核线影像。这样原始影像和核线影像的关系只是旋转关系，原始影像的坐标原点为左上角，假设旋转过程是绕原始影像的图像中心 (a,b)，旋转角度为 θ，则旋转后的影像中心坐标为 (c,d)（在新的坐标系下，以旋转后新图像左上角为原点）。原始坐标为 (x_0, y_0)，旋转后的核线影像坐标为 (x,y)。则有下面的关系式成立：

$$x - c = \cos(\theta)(x_0 - a) + \sin(\theta)(y_0 - b)$$
$$y - d = -\sin(\theta)(x_0 - a) + \cos(\theta)(y_0 - b)$$

上式进一步改化后可得

$$x = \cos(\theta)x_0 + \sin(\theta)y_0 - e$$
$$y = -\sin(\theta)x_0 + \cos(\theta)y_0 - f$$

式中

$$e = a \cdot \cos(\theta) + b \cdot \sin(\theta) - c$$
$$f = -a \cdot \sin(\theta) + b \cdot \cos(\theta) - d$$

根据上述数学关系，由旋转后的核线影像计算水平影像上的像点，按照双线性采样，即可生成原始影像对应的核线影像。

3) 核线影像生成

根据上述的几何关系，可以生成 IKONOS 的核线影像。对左右影像绕其影像中心分别顺时针旋转 75.48698° 和 75.48679°，生成的新影像大小均为 9073×6916pixel。按照同样的方法对 GeoEye 影像进行处理，实际生成的结果如图 3.8 和图 3.9 所示。

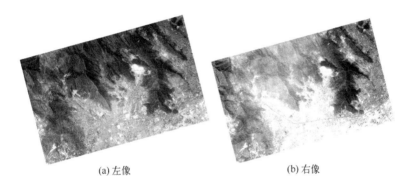

(a) 左像　　　　　　　　　(b) 右像

图 3.8　IKONOS 核线影像

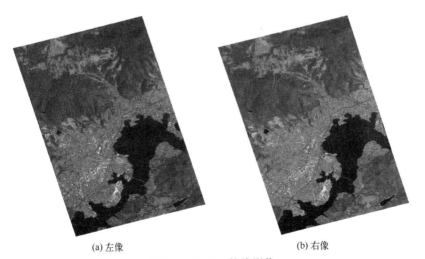

(a) 左像　　　　　　　　　(b) 右像

图 3.9　GeoEye 核线影像

为了从视觉效果上检查核线影像中同名像点的上下视差,将上述两个核线影像合成为红绿影像,如图 3.10 和图 3.11 所示。利用红绿眼镜可以很清楚地看到对应像点的上下视差情况。

图 3.10　IKONOS 左右像合成的红绿立体影像 (见彩图)

图 3.11　GeoEye 左右像合成的红绿立体影像 (见彩图)

4) 核线影像上下视差分析

为了准确地定量分析核线影像上下视差的残余量,利用 VirtuoZo 公司的立体测图模块,在两种影像的核线立体像对上分别提取了 10 对均匀分布的同名像点，表 3.17 和表 3.18 列出了这些同名像点对在核线影像上的像点坐标 (x_1,y_1)、(x_2,y_2) 和上下视差 Q。其中 $Q=y_2-y_1$。结果表明，对于 IKONOS 影像，参与检验的同名像点上下视差全部都在子像素范围内，中误差都在 0.5pixel 以内，而对于 GeoEye 影像参与检验的同名像点上下视差个别已经超出了子像素范围。

表 3.17　IKONOS 核线影像上同名像点的坐标及其上下视差

单位：pixel

点号	x_1	y_1	x_2	y_2	Q
1	1421.362	1886.014	1462.092	1885.864	-0.15
2	1616.245	2480.349	1688.735	2480.027	-0.322
3	5701.028	1157.472	5789.026	1157.835	0.363
4	6547.473	3695.392	6571.823	3695.804	0.412
5	3011.633	5852.289	3026.746	5852.639	0.350
6	7478.264	4183.472	7543.294	4183.089	-0.383
7	7711.732	4925.817	7770.024	4926.247	0.430
8	7293.234	1978.011	7338.835	1977.648	-0.363
9	6804.783	681.028	6827.271	681.442	0.162
10	5363.274	1933.928	5366.392	1934.025	0.097

表 3.18　GeoEye 核线影像上同名像点的坐标及其上下视差

单位：pixel

点号	x_1	y_1	x_2	y_2	Q
1	3026.167	5538.027	3057.284	5537.652	0.535
2	5237.783	9738.256	5210.627	9739.173	-0.917
3	8325.491	12638.532	8369.256	12637.275	1.257
4	10237.826	19694.238	10259.274	19693.632	0.606
5	12846.728	23936.273	12839.058	23935.238	1.035
6	14739.627	18834.826	14721.026	18835.735	-0.909
7	9362.735	14763.293	9378.294	14764.149	0.856
8	7239.025	9328.438	7258.637	9329.526	-1.088
9	5329.746	8923.367	5364.745	8922.637	0.73
10	3026.378	4832.238	3047.826	4833.347	-1.109

3.4.3　基于几何纠正的核线影像生成

1）问题的提出

根据前面试验，分析可知线阵 CCD 推扫式遥感影像基于投影轨迹法核线关系的不平行性是与具体传感器相关的。对于 IKONOS 影像，这种核线的不平行性可以在子像素的精度范围内按照平行来看待，因此可以按照旋转的方式简单快速地实现核线影像的生成。但是，对于 GeoEye 影像，这种核线关系在子像素的精度范围内无法按照平行来处理，因此为了确保算法的适用性，必须按照核线关系不平行的前提来实施核线的重采样。能否借鉴传统基于影像纠正的核线生成方法来实现线阵 CCD 推扫式遥感影像的核线影像重采样？框幅式中心投影影像的核线关系在倾斜像片上是不平行的，但在水平像片上却是平行的，那么将线阵 CCD 原始卫星遥感影像纠正成水平影像，它的核线是否会平行呢？另外纠正成水平影像后直线近似特性会发生什么变化？

2）试验和分析

（1）纠正试验。

为了验证这个问题，试验数据仍采用 3.4.2 节数据 1，按照该节所提方法，利用 IKONOS 卫星立体像对生成对应的水平影像。生成的水平立体像对如图 3.12 所示。

图 3.12　IKONOS 水平立体像对

（2）核线特性分析试验。

对于采用上述方法生成的水平影像，同样按照前面的试验方法进行核线特性的定量分析。表 3.19 和表 3.21 描述了左片和右片上述试验中 100 个点对应的核曲线经过直线拟合后的直线倾角。表 3.20 和表 3.22 描述了左片和右片 100 个点对应的核曲线拟合直线后，核曲线上的点与直线之间的最大距离，该距离实际描述了该曲线的直线拟合特性。

第 3 章 光学遥感卫星影像扩展核线模型的建立与应用

表 3.19 右片核线拟合直线的倾角（°）

x/pixel	y/pixel								
	400	1200	2000	2800	3600	4400	5200	6000	6800	7600
250	76.21464	76.21640	76.21372	76.20668	76.19963	76.19258	76.18552	76.17847	76.17140	76.16434
750	76.21491	76.21667	76.21268	76.20569	76.19869	76.19169	76.18469	76.17769	76.17068	76.16366
1250	76.21532	76.21708	76.21177	76.20481	76.19784	76.19087	76.18390	76.17692	76.16995	76.16296
1750	76.21557	76.21733	76.21067	76.20372	76.19676	76.18980	76.18283	76.17586	76.16890	76.16192
2250	76.21596	76.21666	76.20969	76.20272	76.19575	76.18878	76.18181	76.17483	76.16785	76.16087
2750	76.21633	76.21566	76.20867	76.20167	76.19467	76.18766	76.18066	76.17366	76.16665	76.15964
3250	76.21654	76.21447	76.20742	76.20037	76.19331	76.18626	76.17920	76.17214	76.16508	76.15802
3750	76.21688	76.21356	76.20644	76.19933	76.19221	76.18509	76.17797	76.17084	76.16372	76.15681
4250	76.21721	76.21245	76.20524	76.19804	76.19084	76.18363	76.17643	76.16922	76.16201	76.15700
4750	76.21751	76.21128	76.20397	76.19667	76.18936	76.18205	76.17474	76.16743	76.16012	76.15690

表 3.20 右片拟合直线的最大误差（pixel）

x/pixel	y/pixel								
	400	1200	2000	2800	3600	4400	5200	6000	6800	7600
250	0.00010	0.09138	0.19917	0.19720	0.19520	0.19317	0.19112	0.18905	0.18694	0.18481
750	0.00285	0.12200	0.20231	0.20190	0.20147	0.20101	0.20052	0.20001	0.19947	0.19890
1250	0.00891	0.15333	0.20103	0.20206	0.20306	0.20404	0.20499	0.20591	0.20681	0.20768
1750	0.01983	0.19330	0.20489	0.20744	0.20996	0.21246	0.21493	0.21737	0.21979	0.22218
2250	0.03332	0.20028	0.20419	0.20806	0.21192	0.21574	0.21954	0.22331	0.22706	0.23078

（续）

x/pixel	y/pixel									
	400	1200	2000	2800	3600	4400	5200	6000	6800	7600
2750	0.05049	0.19857	0.20373	0.20887	0.21398	0.21907	0.22413	0.22917	0.23417	0.23916
3250	0.07432	0.20203	0.20863	0.21521	0.22176	0.22829	0.23478	0.24125	0.24770	0.25411
3750	0.09979	0.20562	0.21350	0.22136	0.22919	0.23700	0.24477	0.25252	0.26024	0.26080
4250	0.12946	0.20485	0.21386	0.22284	0.23180	0.24072	0.24962	0.25850	0.26734	0.20748
4750	0.16355	0.20436	0.21443	0.22447	0.23448	0.24447	0.25443	0.26437	0.27427	0.16468

表 3.21 左片核线拟合直线的倾角（°）

x/pixel	y/pixel									
	400	1200	2000	2800	3600	4400	5200	6000	6800	7600
250	76.21451	76.21670	76.21402	76.20670	76.19938	76.19206	76.18474	76.17742	76.17010	76.16278
750	76.21469	76.21685	76.21285	76.20563	76.19842	76.19120	76.18398	76.17677	76.16955	76.16233
1250	76.21504	76.21718	76.21172	76.20460	76.19747	76.19034	76.18321	76.17608	76.16895	76.16182
1750	76.21525	76.21737	76.21064	76.20359	76.19653	76.18946	76.18240	76.17534	76.16827	76.16121
2250	76.21547	76.21659	76.20959	76.20258	76.19557	76.18856	76.18154	76.17453	76.16751	76.16049
2750	76.21569	76.21535	76.20838	76.20140	76.19443	76.18745	76.18047	76.17348	76.16650	76.15951
3250	76.21607	76.21428	76.20732	76.20036	76.19340	76.18643	76.17946	76.17249	76.16551	76.15853
3750	76.21630	76.21305	76.20609	76.19912	76.19215	76.18517	76.17819	76.17121	76.16422	76.15760
4250	76.21651	76.21196	76.20497	76.19798	76.19098	76.18398	76.17697	76.16996	76.16295	76.15805
4750	76.21672	76.21067	76.20363	76.19659	76.18955	76.18250	76.17544	76.16838	76.16132	76.15829

表 3.22 左片拟合直线的最大误差 (pixel)

x/pixel	y/pixel									
	400	1200	2000	2800	3600	4400	5200	6000	6800	7600
250	0.00011	0.09673	0.21081	0.20151	0.19225	0.18414	0.17782	0.17154	0.16530	0.15910
750	0.00304	0.12785	0.21036	0.20228	0.19440	0.18935	0.18434	0.17937	0.17443	0.16954
1250	0.00938	0.15883	0.20102	0.19456	0.19019	0.18664	0.18313	0.17965	0.17621	0.17281
1750	0.02063	0.19758	0.20248	0.19845	0.19622	0.19403	0.19187	0.18975	0.18767	0.18563
2250	0.03621	0.20883	0.20514	0.20428	0.20346	0.20269	0.20194	0.20124	0.20058	0.19995
2750	0.05627	0.20597	0.20597	0.20665	0.20736	0.20811	0.20890	0.20973	0.21059	0.21150
3250	0.08391	0.21058	0.21272	0.21490	0.21711	0.21936	0.22166	0.22399	0.22636	0.22877
3750	0.11386	0.21223	0.21592	0.21965	0.22341	0.22722	0.23106	0.23494	0.23886	0.22976
4250	0.14888	0.21987	0.22515	0.23047	0.23583	0.24123	0.24667	0.25215	0.25766	0.19204
4750	0.18929	0.22392	0.23077	0.23767	0.24460	0.25157	0.25858	0.26563	0.27272	0.15311

· 97 ·

表 3.19 描述了右片上的 100 个点进行核曲线拟合后的直线的倾角，最大角度为 76.21751°，最小为 76.15681°，变化范围从原来的 0.00908° 变为 0.06°，表 3.20 描述了右片上的 100 个点拟合后直线与核曲线上点的最大距离为 0.27427pixel。同样表 3.21 描述了左片上的 100 个点进行核曲线拟合后的直线的倾角，最大角度为 76.21737°，最小为 76.1576°，变化范围约为 0.06°，表 3.22 描述了左片上的 100 个点拟合后直线与核曲线上点的最大距离为 0.27272pixel。

3）结论

从上述试验结果分析，经过纠正后的水平影像同原始影像相比，其核线的平行性不仅没有像期望的那样变小，反而呈现出变大的趋势，直线的近似特性也呈现同样的变化。但是这种方法生成的水平像片与倾斜像片相比，几何变形较小，因而有利于后续的几何处理。对其他数据我们也开展了同样的试验，试验结果也基本类似，这里不再赘述。试验结论说明传统影像几何纠正的核线生成方法对线阵 CCD 推扫式影像不适用。

3.4.4 基于共面条件的核线影像生成

1）基本原理

借鉴传统框幅式遥感影像直接在倾斜像片上采集核线影像的方法，逐行获得整个区域的核线影像。如图 3.13 所示，根据上述核线模型，已知左像上的一个像点，首先根据投影轨迹法将该像点和左像投影中心确定的光线投影到右像上，形成一条曲线 l'；然后拟合一条直线用于近似描述该曲线，这条直线就是右像上的核线；再选择这条直线段的中点像点，同样根据投影轨迹法将该像点和右像投影中心投影到左像上，形成一条曲线，拟合该曲线确定左像上的一条直线，这条直线就是与 l' 对应的核线 l；最后记录 l 和 l' 的直线方程参数，利用该参数即可将核线影像坐标转化为原始影像的坐标。

2）方法及步骤

下面以生成天绘一号卫星影像的前视和下视核线像对为例，详细说明其方法及步骤。

(1) 从前视影像的第 1 列开始，选择列方向的中央像点 $m(0,5999)$，利用投影轨迹法将 m 和左像投影中心 S 确定的光线投影到右像上，考虑运算量，只需投影这条光线上高程为 $h_{\max}$ 和 $h_{\min}$ 的两个物方点 Q_1 和 Q_2 到右像上，确定两个像点 q_1 和 q_2。

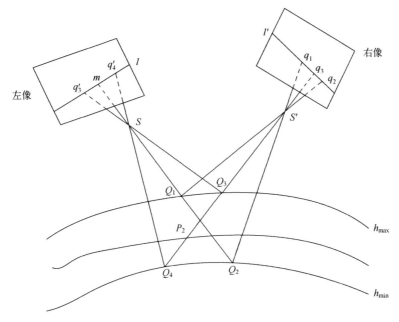

图 3.13 核线采样过程

（2）判断 q_1 和 q_2 是否在右像的像幅范围内，如果不在，则返回（1），继续从下一列开始；如果在，则根据这两点确定一条直线 l'，记录直线方程参数 $a'x+b'y+c'=0$。

（3）确定右像上 q_1 和 q_2 的中点 q_3，利用投影轨迹法将 q_3 和右像投影中心 S' 确定的光线投影到右像上，考虑运算量，只需投影这条光线上高程为 $h_{\max}$ 和 $h_{\min}$ 的两个物方点 Q_3 和 Q_4 到左像，确定两个像点 q_3 和 q_4。

（4）判断 q_3 和 q_4 是否在左像的像幅范围内，如果不在，则返回（1），继续从下一列开始；如果在，则根据这两点确定一条直线 l，记录直线方程参数 $ax+by+c=0$。

（5）利用左像上的直线 l，在左像内沿直线进行重采样。具体方法是对给定的从 0 到 height（图像的高度）变化的系列 y_i 坐标，根据直线方程计算相应的系列 x_i 坐标，根据系列 (x_i, y_i) 坐标从原始影像通过双线性内插确定一系列像素灰度值，这一系列的灰度值即为左像核线影像上的第一行。

（6）同样，可以根据直线 l' 确定右像核线影像的第一行。返回第一步重复进行，直到确定核线影像上的最后一行。

（7）对左像，记录每一条直线方程的参数。核线有多少行，就有多少组方程参数，将这些直线参数写入一个文本参数文件。利用这个参数文件可以

实现核线影像坐标到原始影像坐标的转化。对右像执行同样的处理,也形成一个参数文件。核线影像与原始影像的对应关系为

$$\begin{cases} y = \text{epiwidth} - x' - 1 \\ x = -\dfrac{b_i}{a_i} y - \dfrac{c_i}{a_i} \\ i = 0, \cdots, n-1 \\ x' = 0, \cdots, \text{height} - 1 \\ y' = i \end{cases} \quad (3.6)$$

式中:x 和 y 表示原始影像的像素坐标值,分别为列数和行数;x' 和 y' 表示核线影像的像素坐标值,分别为列数和行数;epiwidth 表示核线影像的宽度;height 表示原始影像的高度;n 表示核线方程的个数;i 表示直线的编号;a_i、b_i、c_i 表示直线方程的参数。

3) 试验和分析

为了验证本节方法的正确性和可行性,采用 3.3 节中的天绘一号卫星影像数据进行了试验。对该卫星立体像对生成了近似核线影像,同时生成的每对核线还附带有一个外部参数文件,用于记录核线影像上的直线参数,利用该参数可以实现核线影像像点与原始影像像点的严格坐标换算。为了检验核线影像的上下视差,首先利用 VirtuoZo 公司的立体测图模块,在原始立体像对上分别提取了 20 对均匀分布的同名像点;然后基于各原始影像与其核线影像的严格像点坐标变换关系,计算得到这些同名像点在核线立体像对上的像点坐标及其上下视差,如表 3.23 所列。

表 3.23 核线影像同名点视差

单位:pixel

x_1	y_1	x_2	y_2	abs(y_2-y_1)
1938.06	424.298	1933.56	424.798	0.5
2046.67	336.671	2043.84	336.545	0.126
2751.06	421.832	2753.56	422.332	0.5
3230.8	407.298	3238.21	407.43	0.132
5615.88	93.1544	5651.22	93.5302	0.3758
7125.08	476.22	7141.99	475.399	0.321
6163.62	485.031	6192.15	485.291	0.26

(续)

x_1	y_1	x_2	y_2	abs(y_2-y_1)
8333.2	387.814	8344.73	387.898	0.084
9879.62	463.114	9880.8	463.315	0.201
10076.3	85.5287	10071.2	85.8542	0.3255
4799.67	568.886	4824.13	569.157	0.271
5108.54	928.497	5123.04	928.997	0.5
5747.12	525.344	5786.31	525.627	0.283
10218.5	1054.62	10226.6	1054.53	0.09
3951.42	2020.16	3960.61	2020.37	0.21
4375.43	2352.69	4396.2	2353.28	0.59
5966.15	2172.42	5996.16	2172.57	0.15
6373.36	2013.73	6375.13	2014	0.27
6830.02	2087.54	6852.54	2087.68	0.14
7959.54	2085.64	7983.41	2085.86	0.22
10323.2	8150.03	10318.8	8150.02	0.01
10846.2	8357.12	10887	8356.97	0.15
7487.89	8727.05	7469.06	8727.41	0.36
8401.91	8864.59	8402.98	8864.25	0.34
10410.9	8721	10424.4	8720.83	0.17
10563.8	8744.68	10600.2	8744.55	0.13
11105.6	8931.26	11125.3	8931.18	0.08
316.417	9333.66	281.288	9333.31	0.35
7763.48	11240.7	7781.98	11240.7	0.50
10481.1	11039.4	10478.1	11039.2	0.2
11622.1	11226.4	11642.1	11226.5	0.1

表中，x_1表示前视核线影像同名点的列值，y_1表示前视核线影像的同名点行值，x_2表示后视核线影像的同名点列值，y_2表示后视核线影像的同名点行值。计算核线影像的上下视差的绝对值abs(y_2-y_1)用来描述核线影像的准确性。表3.23表明，参与检验的同名像点的上下视差全部都在子像素范围内，中误差在0.4pixel以内，说明在影像定向参数精度较高的情况下，本节的方法能够生成近乎严格的卫星核线影像。

3.5 高精度核线影像的生成

根据前面研究可知：基于投影轨迹法的核线模型是曲线模型，但是在局部范围内这种曲线模型可以当作直线处理，目前关于线阵卫星核线影像的生成多采用投影轨迹法的方式按照近似直线的方式完成。但实际上核线的近似直线特性与像幅范围有直接关系。随着卫星影像分辨率的不断提高，扫描带宽也越来越大，因此影像的像幅范围也越来越大。在这种情况下，盲目地对整条核曲线进行单一直线拟合必然会影响影像的几何精度。从前面的分析可以看出，随着像幅范围的变化，核线近似直线带来的误差最大可以达到 0.2~0.6pixel 甚至更大。目前，影像应用对精度的要求越来越高，尽管只有 0.2~0.6pixel 的拟合误差，也是我们极力要消除的误差因素，进而深挖卫星的精度潜力。

3.5.1 自适应分段线性拟合核线影像

本节在对上述卫星核线模型深入的定量分析之后，提出一种自适应分段线性拟合的高精度核线影像生成方法。该方法的基本原理是在核线影像的生成过程中，首先统计像幅范围内单一直线拟合的最大误差，分析误差与核线拟合长度的关系，按照拟合误差不超过 0.1pixel 的原则，结合影像的具体情况，自适应确定分段长度，实现对像幅范围内完整的核曲线进行分段高精度线性拟合。

1) 基本原理

根据上述核线模型：首先统计整个影像像幅范围内利用直线拟合核曲线的最大误差，根据误差的限差要求，在确保分段拟合精度的情况下，自动确定核曲线拟合的分段数；然后对整幅影像借鉴传统框幅式遥感影像直接在倾斜像片上采集核线影像的方法，逐行获得整个区域的核线影像。采样过程及步骤同 3.4.4 节。

2) 试验和分析

(1) 试验数据。

天绘一号卫星数据：天绘一号 01 星，在新疆地区，拍摄时间为 2010 年 11 月 14 日，其覆盖范围为经度为 87.481°~88.360°，纬度 43.1923°~43.8336°。幅宽约为 60km×60km，该测区为高山地，高程为 500~4101m，左右立体像对分别选择前视和下视影像,如图 3.14 所示。

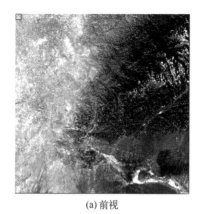
(a) 前视

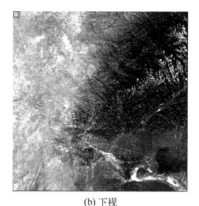
(b) 下视

图 3.14　天绘一号卫星前视和下视影像

资源三号卫星影像数据:资源三号 01 星,在陕西渭南地区,拍摄时间为 2015 年 1 月 10 日,覆盖范围为经度为 115.148°~115.899°,纬度为 39.4615°~40.0631°。幅宽约为 52km×52km,测区为山地,高程为 34m~2221m,左右立体像对分别选择前视和下视影像,如图 3.15 所示。

(a) 前视　　　　　　　　　　(b) 下视

图 3.15　资源三号卫星前视和下视影像

(2) 试验结果与分析。

利用上述投影轨迹法生成立体像对的核线影像,计算核线方程采用两种方式:直线拟合和分段直线拟合,分段直线天绘一号卫星影像采用 3 段,资源三号卫星影像采用 5 段,结果如图 3.16~图 3.19 所示。在核线生成过程中统计直线和分段直线的拟合误差,完成核线采样后,对生成的核线影像自动匹配，分别统计同名点在核线像对的上下视差，结果如表 3.24~表 3.27 所列。根据上述试验结果可以看出，无论是拟合误差还是同名点上下视差，分段直线生成的核线影像显然要好于单直线拟合的核线影像，并且这种差异与影像的像幅大小有关，像幅越大差别越大。

(a) 左核线影像(分辨率5m)　　　　(b) 右核线影像(分辨率5m)

图 3.16　天绘一号卫星直线拟合的核线影像

(a) 左核线影像(分辨率3.5m)　　　(b) 右核线影像(分辨率3.5m)

图 3.17　资源三号卫星直线拟合的核线影像

表 3.24　直线拟合误差

序号	试验数据	核线影像分辨率/m	核线数	左核线影像大小（宽×高）/pixel	右核线影像大小（宽×高）/pixel	左像中误差/pixel	右像中误差/pixel
1	TH-01	5	11874	10777×11874	10707×11874	0.0447	0.0576
2	ZY3	3.5	15820	13883×15820	13347×15820	0.0771	0.1390

(a) 左核线影像(分辨率5m)　　　　(b) 右核线影像(分辨率5m)

图 3.18　天绘一号卫星分段直线拟合的核线影像

(a) 左核线影像(分辨率3.5m)　　　　(b) 右核线影像(分辨率3.5m)

图 3.19　资源三号卫星分段直线拟合的核线影像

表 3.25　分段直线拟合误差

序号	试验数据	核线影像分辨率/m	核线数	左核线影像大小（宽×高）/pixel	右核线影像大小（宽×高）/pixel	左像中误差/pixel	右像中误差/pixel
1	TH-01	5	11874×3	10777×11874	10707×11874	0.0352	0.0315
2	ZY3	3.5	15820×5	13883×15820	13347×15820	0.0452	0.0740

表 3.26　直线同名点上下视差

序号	试验数据	核线影像分辨率/m	同名点数	中误差/pixel	误差平均值/pixel
1	TH-01	5	15	0.19967	0.17373
2	ZY3	3.5	27	0.42712	0.36187

表 3.27　分段直线同名点上下视差

序号	试验数据	核线影像分辨率/m	同名点数	中误差/pixel	误差平均值/pixel
1	TH-01	5	15	0.18978	0.16298
2	ZY3	3.5	27	0.29174	0.22961

3.5.2　分块核线影像生成[19]

采用自适应分段线性拟合处理，需要记录各直线段的参数并给后续分块处理带来额外的计算量。为满足亚米级光学星影像高精度核线影像的快速生成，本节结合后续并行处理的需要，提出一种分块核线影像的生成方法。试验结果表明，分块核线影像同名点的上下视差能够满足子像素精度要求。

3.5.2.1　分块生成核线影像过程

分块生成核线影像的过程如图 3.20 所示。

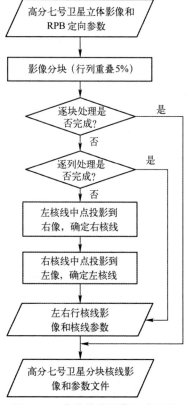

图 3.20　分块核线影像生成过程

具体方法及步骤如下：

（1）首先将左影像（前视）每块固定大小为 m 行 n 列，按行列重叠 5% 计算，将影像划分成若干块，然后根据左影像每一块影像的左上角坐标和平均高程坐标，将该点投影到右影像（后视）上，最后以右影像上的投影点为左上角坐标，按照同样的大小将右影像也分成若干块。

（2）对每一分块的左影像和右影像，执行如下操作。

① 从第 1 列开始，选择列方向的中央像点 $m(0, H/2)$，利用投影轨迹法将 m 和左像投影中心 S 确定的光线投影到对应的分块右像上，考虑运算量，只投影这条光线上高程为 h_{max} 和 h_{min} 的两个物方点 Q_1 和 Q_2 到右像上，确定两个像点 q_1 和 q_2。

② 判断 q_1 和 q_2 是否在右像的像幅范围内。如果不在，则返回①，继续从下一列开始；如果在，则根据这两点确定一条直线 l'，记录直线方程参数 $a'x+b'y+c'=0$。

③ 确定右像上 q_1 和 q_2 的中点 q_3，利用投影轨迹法将 q_3 和右像投影中心 S' 确定的光线投影到左像上，考虑运算量，只投影这条光线上高程为 h_{max} 和 h_{min} 的两个物方点 Q_3 和 Q_4 到左像，确定两个像点 q'_3 和 q'_4。

④ 判断 q'_3 和 q'_4 是否在左像的像幅范围内。如果不在，则返回③，继续从下一列开始；如果在，则根据这两点确定一条直线 l，记录直线方程 $ax+by+c=0$ 的参数。

⑤ 利用左像上的直线 l，在左像内沿直线进行重采样，即为左像核线影像上的第一行；同样，可以根据直线 l' 确定右像核线影像的第一行。返回第一步重复进行，直到确定核线影像上的最后一行，即可完成当前块影像的生成。

（3）重复操作（2），完成其他影像块的生成。

在此过程中，对分块左像需要记录每一条直线方程的参数。核线有多少行，就有多少组方程参数，将这些直线参数写入一个文本或二进制参数文件。利用这个参数文件可以实现由分块核线影像坐标到原始影像坐标的转化。对分块右像执行同样的处理，也形成一个参数文件。

3.5.2.2 试验与分析

为了检验分块核线影像生成方法的效果，试验选择 2020 年 10 月成像的河北地区的一景高分七号卫星立体影像。如图 3.21 所示，前视影像大小为

31267×30997pixel，后视影像大小为 35863×40004pixel，影像质量良好，几乎无云层覆盖，高差适中，既有山区也有城镇区域，为本次试验提供了较好的数据基础。该影像包含影像数据以及对应的 RPB 定向参数文件。书中设计了两组试验。第一组是对比试验，对比了未分块的核线影像和分块核线上下视差的差异。第二组是分块大小的参数优化试验。选择不同的分块大小，分析核线影像的生成效果，为分块参数的优化选择提供参考。

(a) 前视　　　　　　　(b) 后视

图 3.21　高分七号卫星影像数据

1）对比试验

由于高分七号卫星影像比较大，试验分块选择 4 行 4 列共 16 块。图 3.22 给出了未分块整幅影像的核线影像，图中出现黑色无效区域，主要是由于前视和后视影像大小和覆盖范围存在差异。图 3.23 给出了分块的 16 块核线影像。

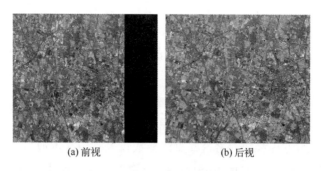

(a) 前视　　　　　　　(b) 后视

图 3.22　未分块核线影像结果

为了检验核线影像的上下视差，对两种核线结果，在核线立体像对上分别自动选取并经人工检查，得到了 25 对和 29 对相对均匀分布的同名像点，然后计算得到这些同名像点在核线立体像对上的像点坐标及其上下视差。图 3.24 是整景未分块的核线影像中其中一块核线影像的视差统计图，图 3.25

是分块核线影像与图 3.24 相对应的其中一块的视差统计图。对比结果表明，通过分块，可以有效地控制核线上下视差的误差范围，分块后参与检验的同名像点的上下视差全部都在子像素范围内，大部分点都是在 0.5pixel 以内，而未分块的核线影像有大于 1pixel 的上下视差，同时误差的范围分布相对大，说明本节的方法具备有效性，能够生成较严格的高精度卫星核线影像。

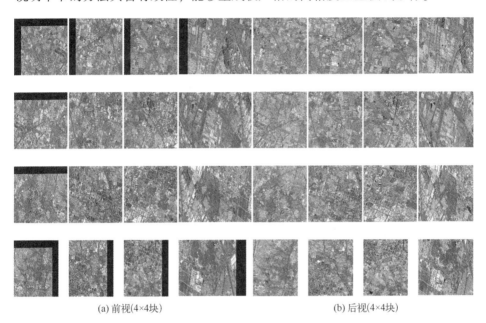

(a) 前视(4×4块)　　　　　　　(b) 后视(4×4块)

图 3.23　分块核线影像结果

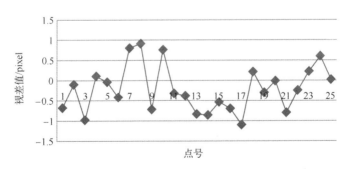

图 3.24　未分块核线影像上下视差

2) 分块大小优化试验

为了检验分块大小对核线影像上下视差的影响，选取 2×2 分块、4×4 分块、6×6 分块和 8×8 分块 4 种情况下的分块核线影像上下视差的情况，对 4 种分块核线结果，在核线立体像对上分别自动提取了若干对均匀分布的同名像点，然后计算得到这些同名像点在核线立体像对上的像点坐标及其上下视差，统计其中误差（4种分块影像，统计区域完全一致）。试验结果如图3.26所示（图中横坐标代表四种分块方案，1代表2×2分块方案，2代表4×4分块方案，3代表6×6分块方案，4代表8×8分块方案，纵坐标代表视差的平均值）。从结果可以看出，分块4×4视差大小改善显著，误差均值在0.5pixel以内，大于4×4的更多分块对上下视差没有显著改善。

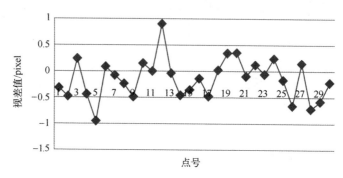

图3.25　分块核线影像上下视差

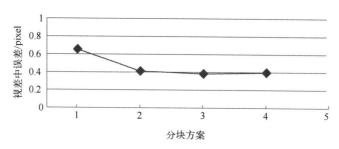

图3.26　不同分块核线影像上下视差中误差

3）分析与结论

试验1验证了分块方案的有效性，通过分块可以使核线影像的上下视差控制在子像素以内。试验2分析了分块大小对核线精度的影响，从现有的试验看，通过4×4分块就可以满足实际的应用需求。按照这个分块，高分七号卫星影像每块大小基本控制在10000×10000pixel左右，这与天绘一号卫星1B级影像的大小接近。实际上，在天绘一号卫星影像处理中核线影像没有进行分块，这是因为影像像素范围相对较小，核曲线拟合的误差可以不予考虑。这与本节的结论也是一致的。

参考文献

[1] 张永生,巩丹超,刘军. 高分辨率遥感卫星应用:成像模型、处理算法及应用技术[M]. 北京:科学出版社,2004:38-41.

[2] 张祖勋,周月琴. 用拟合法进行影像的近似核线排列[J]. 武汉测绘科技大学学报,1989,14(2):20-25.

[3] KIM T. A Study on the epipolarity of line pushbroom images[J]. Photogrammetric Engineering and Remote Sensing, 2000, 66(8):961-966.

[4] HABIB A F, MORGAN M, JEONG S, et al. Analysis of epipolar geometry in linear array scanner scenes[J]. The Photogrammetric Record, 2005, 20(109):27-47.

[5] MORGAN M, KIM K O, SOO J, et al. Epipolar resampling of space-borne linear array scanner scenes using parallel projection[J]. Photogrammetric Engineering &Remote Sensing, 2006, 72(11):1255-1263.

[6] 胡芬,王密,李德仁,等. 基于投影基准面的线阵推扫式卫星立体像对近似核线影像生成方法[J]. 测绘学报,2009,38(5):428-436.

[7] 张永军,丁亚洲. 基于有理多项式系数的线阵卫星近似核线影像的生成[J]. 武汉大学学报(信息科学版),2009,34(9):1068-1071.

[8] 张过,潘红播,江万寿,等. 基于RPC模型的线阵卫星影像核线排列及其几何关系重建[J]. 国土资源遥感,2010,87(4):1-5.

[9] 戴激光,贾永红,宋伟东,等. 一种异源高分辨率卫星遥感影像近似核线生成算法[J]. 武汉大学学报(信息科学版),2013,38(6):661-664.

[10] 巩丹超. 高分辨率卫星遥感立体影像处理模型与算法[D]. 郑州:信息工程大学,2003.

[11] 巩丹超. 线阵推扫式遥感卫星立体像对核线特性分析[J]. 测绘科学与工程,2015,35(2):19-24.

[12] GONG D C. Quantitative assessment of the projection prajectory-based epipolarity model and epipolar image resampling from linear-array satellite images[A]. ISPRS annals. Hanover:ISPRS, 2020.

[13] 张永生,巩丹超,邓雪清. 线阵推扫影像的核线模型研究[J]. 遥感学报,2004,8(2):97-101.

[14] 巩丹超,龚志辉,刘宏. 基于简化传感器模型的线阵CCD影像核线模型[J]. 武汉大学学报(信息科学版)2004,29(增刊):9-10.

[15] 巩丹超,张永生,陈筱勇. 线阵CCD推扫式影像的扩展核线模型[J]. 测绘科学技术学报,2006,23(4):246-249.

[16] 巩丹超,张永生,刘宏. 扩展核线模型在线阵CCD卫星遥感影像立体匹配中的应用

[J]. 高技术通讯, 2006, 16 (6): 570-574.

[17] GONG D C. The application of epipolar line in matching of linear CCD remote sensing images [C]//SPIE, Washington, D. C., 2009.

[18] 巩丹超, 万名英. 卫星立体像对核线影像生成方法研究 [J]. 测绘科学与工程, 2014, 34 (1): 21-25.

[19] 巩丹超. 一种高分七号卫星影像的分块核线影像生成方法 [J]. 测绘科学与工程, 2021, 43 (3): 25-29.

第4章　高分辨率光学遥感卫星影像三维重建方法

4.1 引　言

三维重建指从二维图像信息中恢复三维场景信息的过程。三维重建是摄影测量与遥感和计算机视觉领域非常热门的研究方向。在三维重建中最重要的内容是影像立体匹配。经过三十多年的研究，立体匹配技术已经有了很大的发展，但由于立体匹配涉及的问题太多，至今仍然没有一种方法可以完美地解决立体匹配问题，特别是在复杂场景中，如何提高算法的去歧义匹配和抗干扰能力，有效地解决遮挡问题。随着三维重建、虚拟现实等领域的兴起，各种应用对匹配的精度和密度的要求越来越高，对影像中的每一个像点得到三维信息的可靠度要求越来越高，如何提高立体匹配的精度和速度，都需要进行更为深入的探索和研究。

立体匹配方法的有效性依赖于三个问题的解决：选择正确的匹配基元、寻找特征之间的本质属性及建立能正确匹配所选特征的稳定算法。围绕这三个问题，目前研究者已提出大量各具特色的匹配算法。从实现立体匹配的技术上考虑，这些算法可以分为两大类：一是采用全局约束方法来实现全局优化的立体匹配算法；二是采用局部方法实现局部最优的立体匹配算法。这两种算法各有优缺点。全局优化算法通过选用一个全局能量函数，并最小化该函数来得到更为准确的视差图，充分考虑了匹配点与周围点的相容性、一致性和整体协调性，可以较好地解决局部遮挡和纹理不一致造成的局部匹配失败问题。一旦定义了能量函数，就可以有多种算法来找出极值，如动态规划、置信传播、模拟退火等优化算法。其中动态规划算法、置信传播算法是目前常用的方法。局部算法通常在局部支持窗口使用某种颜色或灰度模式之间的相关性。该类算法是在选出待估算的匹配点后，以匹配点为中心拓展窗口，再针对所对应的窗口，计算其相关性，所求得相关性最好的点即为对应的匹配点。各像点的视差仅取决于该像点周围局部区域内的像点，计算过程比较简单，但匹配的可靠性比较差。解决影像立体匹配问题最早的尝试涉及使用局部匹配算法。局部算法能够容易地突显影像中强纹理部分的视差，但是在弱纹理部分会产生较多的错误匹配，且前景膨胀效应会使得边界模糊。

现有的研究表明：局部算法具有天生的弱点，不具有整体性，孤立地考虑场景中某个点或者某个部分的匹配问题，忽视了场景中各部分的联系，以及如何利用这些联系来提高匹配的精度，这既不符合人类的直观视觉认识，也无法有效地使用图像信息，对于纹理弱的场景其结果往往不尽如人意，而且对于噪声的鲁棒性也很差。而全局算法更多地体现全局性，在对待噪声、重复纹理以及遮挡方面，表现比较出色，逐渐受到重视，已经成为遥感影像匹配的重要发展方向。全局算法尽管可求得较高的精度，但是运算量大且耗时。目前关于全局算法的研究主要集中在两个方面：一是对于能量函数模型的定义；二是对能量最小化过程精度以及速度的改进。

目前，广泛应用的全局优化匹配算法包括动态规划法（Dynamic Programming）、遗传算法（Genetic Algorithm）、图割法（Graph Cuts）、模拟退火法（Simulated Annealing）和置信传播法（Belief Propagation）等，其中：动态规划法仅在扫描线方向进行约束，能最快地实现全局最优化搜索，但匹配效果较差，存在拖尾效应；而图割法和置信传播法则充分利用水平方向和垂直方向的二维约束，可获取高精度的密集视差图，但算法的时间复杂度高，计算效率低。2005年，Hirschmueller提出半全局匹配（Semi Global Matching，SGM）算法，其对于重复纹理区域、阴影区域及对象边缘等匹配易错区域有较稳定的处理结果，优于局部匹配算法，且较全局匹配有两大优势：首先是采用基于互信息匹配的等级逼近计算方法，与基于灰度的匹配几乎一样快；其次是其采用全局匹配代价计算的近似处理，有效提高了处理效率，处理效率与像点数和影像视差成线性关系。2009年，Gerke M将SGM匹配算法运用到倾斜影像的匹配中，取得了理想的匹配效果。当前常用的卫星多视角影像三维重建软件包括Pixel Factory、ArcGIS、PCI Geomatica等。这些软件大多采用改进SGM算法进行影像立体匹配。

深度学习因其具有强大的泛化能力、对任意函数的拟合能力和极高的稳定性，已成为摄影测量与遥感和计算机视觉领域数据处理分析和解译的重要工具。卷积神经网络（Conveolutional Neural Network，CNN）的应用避免了各类特征设计，通过卷积提取特征并激活，池化去除背景，前向传播计算代价，后向传播迭代收敛，在影像识别和分类领域已经取得了长足的进步。能否采用深度学习领域的技术，克服上述经典密集匹配算法中的难点，进一步提高三维重建的精度，是值得深入研究的问题。已有部分研究将深度学习引入了密集匹配中，在计算机视觉标准测试集上的精度逐渐超过经典匹配算法，展示出了一定的优越性。如在 KITTI 数据集（自动驾驶）和 Middlebury 数据集（室内影像）中，前 30 名大都是深度学习算法。

　　基于深度学习的密集匹配只学习经典密集匹配四个步骤中的一部分，一般分为两种策略：非端到端的学习和端到端的学习。两种策略的性能比较如表 4.1 所列。2016 年 Jure Zbontar 等采用 MC-CNN 只用于学习匹配代价，其代价聚合、左右一致性检验、中值滤波和双边滤波等后处理步骤，参考了 SGM 算法[1]。2017 年 Akihito Seki 采用 SGM-Net[2]，在 SGM 算法中引入 CNN 学习惩罚项，解决惩罚参数调整困难的问题，这些方法都有着明显的缺点，即仍旧需要引入人工设计的后处理步骤对匹配结果进行优化。后者是直接通过立体影像预测视差图，包括 2016 年 Nikolaus Mayer 提出一种用于视差图预测的全卷积网络 DispNet[3]、2017 年 Alex Kendall 提出利用像点间的几何和语义信息构建三维张量，从三维特征中学习视差图的 GC-Net（Geometry and Context Network）[4]和 2018 年 Chang Jiaren 提出由空间金字塔池化和三维卷积层组成的网络，将全局背景信息纳入立体匹配中，以实现遮挡区域、无纹理区域或者重复纹理区域视差的可靠估计的 PSMNet（Pyramid Stereo Matching Network）[5]。端到端的学习策略需要巨大的内存开销，同时其运行效率也较慢。所有端到端的学习策略都需要制作包含核线影像和真实视差值的训练数据，这也需要更多的人力和物力支持。

表 4.1　两种基于深度学习的密集匹配方法策略性能比较

策略	举例	优点	不足
非端到端的策略	MC-CNN	与经典密集匹配算法相比有较好的视差结果	（1）硬件要求较高； （2）需人工设计后处理步骤； （3）缺少影像的上下文信息
	SGM-Net		
端到端的策略	GC-Net	（1）更好的视差结果； （2）网络结构易设计	（1）硬件要求较高； （2）运行时间较长； （3）需要视差真值训练
	PSMNet		

在短期内，经典密集匹配方法，如 SGM 依然是遥感影像三维重建的主流。而基于端到端的立体匹配方法具有较强的发展潜力，伴随着计算能力与 GPU 的升级，以及更多学者的参与改进，其匹配精度和效率正在逐渐超越经典方法。

4.2　基于半全局匹配算法的影像匹配

半全局匹配（SGM）算法最早由学者 Hirschmüller 提出，是一种密集影像匹配方法[1]。该方法通常用于经过核线纠正后的两张立体影像，通过视差代价函数的构造和多路径聚合，寻找全局最优值，获取密集同名像点。在 SGM 算法中，匹配代价计算是第一步，匹配代价即描述影像同名点之间的相似性测度，这是影像匹配的基础。常用的代价计算方法可分为基于像素（pixel-based）的代价计算方法和基于窗口（window-based）的代价计算方法。不同匹配代价计算方法的性能在不同数据上的表现也不尽相同，但是大都对地物单一结构、重复纹理或无纹理区域、表面镜反射等敏感，因而导致代价计算结果存在歧义性。第二步是代价聚合，通常是对同名点邻域内所有匹配代价的加权求和，可以达到局部滤波的效果，但是现有算法（包括半全局影像匹配）都对代价聚合这一步骤做了不同程度的简化，以实现计算效率和匹配质量的最优化。第三步是视差计算，最小匹配代价对应的视差即为最优结果，通常采用建立能量函数的方法计算最优视差。第四步是视差优化，通常包括左右一致性检查、中值滤波等后处理技术。最后将密集匹配获得的视差图转换为深度信息，从而完成三维场景的重建。

4.2.1　基于互信息的匹配测度

互信息是信息理论中的一个基本概念，通常用于描述两个系统间的统计相关性。互信息可以从两幅图像的熵以及它们的联合熵定义得到。

$$MI_{(I_1,I_2)} = \sum_P mi_{(I_1,I_2)}(I_{1P}, I_{2P}) \tag{4.1}$$

$$mi_{(I_1,I_2)}(i,k) = h_{I_1}(i) + h_{I_1}(i) - h_{(I_1,I_2)}(i,k) \tag{4.2}$$

$$h_I(i) = -\frac{1}{n}\log(P_I(i) \otimes g(i) \otimes g(i)) \tag{4.3}$$

$$h_{(I_1,I_2)}(i,k) = -\frac{1}{n}\log P_{(I_1,I_2)}(i,k) \otimes g(i,k) \otimes g(i,k) \tag{4.4}$$

式中：(i,k) 为对应匹配点的灰度；P_I 为每个影像灰度的概率分布；$P_{(I_1,I_2)}$ 为立体影像的联合分布；$g(i,k)$ 为二维高斯卷积运算。

由上述定义可知，互信息是采用逐像素的匹配代价。互信息的匹配代价只利用了对应匹配像点的灰度。这同传统的局部匹配方法是完全不同的，局部匹配主要以待匹配点为中心窗口，通过比较窗口内灰度的相似性确定同名点，窗口面积越大，匹配的鲁棒性越好。这种方法的主要缺陷是假设匹配窗口内的视差是恒定的，但这种假设与实际并不相符，实际应用造成的后果是模糊对象边界以及精细结构不连续性，尽管采用某些形状和技术可以减少模糊，但仍不可避免。因此要精细重建三维必须舍弃匹配点附近的恒定视差假设。这意味着只有对应像素的灰度本身可用于计算匹配成本。而互信息正好满足这样的要求，适合逐像点的精细匹配和三维重建。

4.2.2 能量函数的定义

全局匹配算法的核心是建立一个依赖于视差图像 D 的能量函数 $E(D)$[6-7]：

$$E(D) = \sum_p C(p, D_p) \tag{4.5}$$

当一个匹配使得所有匹配点对的匹配代价和为最小时即得到最佳匹配。但在实际情况中，基于逐像点的匹配代价并不能完全正确地反映两幅图像中两个点匹配的正确性[8]，比如噪声、大范围的相似区域等，其结果是错误匹配的代价常常小于正确匹配代价，从而影响算法在该点的深度估计。并且在全局算法尤其是动态规划算法的框架下，这种错误匹配代价的估算往往会影响到周围点的深度估计，进而将错误扩散。因此，在半全局匹配方法中，必须增加一些额外的平滑约束到能量的定义中，这种约束通常是采用对深度或者灰度变化的惩罚，以抑制噪声对匹配结果的影响，其16个方向的一维路径动态规划的算法使结果更加可靠，由此对噪声表现出了鲁棒性[9-11]。

$$E(D) = \sum_p C(p, D_p) + \sum_{q \subset N_p} P_1 T[|D_p - D_q| = 1] + \sum_{q \subset N_p} P_2 T[|D_p - D_q| > 1] \tag{4.6}$$

式（4.6）右侧第一项表示所有像点的匹配代价之和。对于像点 p 与其邻域 N_p 的像点深度差有较小变化和较大变化两种情况，第二项和第三项分别用系数 P_1 和 P_2 进行了惩罚，这里函数 $T[\cdot]$ 为1当且仅当其参数为真，否则为0。实质上，第二项和第三项便是平滑约束，它们要求相邻的像点的深度值尽可能地一致，即保持平滑，显然 $P_1<P_2$。

由此带来另一个问题，这样的平滑约束会在一些边缘即深度正常变化的区域强迫深度保持不变，这样往往会引起深度边界的模糊化。解决的方法是在确定 P_2 时考虑颜色强度的变化：

$$P_2 = \frac{P_2'}{|I_{bp}-I_{bq}|} \tag{4.7}$$

这是由于场景中正确的深度变化常常表现为图像灰度或者颜色的变化，在这样的区域应该减小对于深度变化的惩罚。因此应用公式（4.7）将灰度或颜色的变化值作为分母加入到 P_2 的计算公式中，这样就能够避免对于正常的深度变化产生过大的惩罚系数。

4.2.3 动态规划方法的应用

现在影像立体匹配的问题可以转化为能量最小化的问题。但是对于二维图像，寻找公式（4.6）的全局最小值已被证明是 N_P 完全问题，直接求解这样的最小化问题是不现实的。一维路径上的能量最小化问题可以使用动态规划的方法高效地实现，由此引出的一个思路是平等地对待多个一维路径，合并它们的结果来近似实现二维的情况。因此半全局匹配采用的方法是，沿着 8 个或者 16 个方向（图 4.1）的一维路径按照动态规划的思想进行计算：

$$L(p,d) = C(p,d) + \min(L_r(p-r,d), L_r(p-r,d-1)+P_1, L_r(p-r,d+1) + P_1, \min_i L_r(p-r,i)+P_2) - \min_k L_r(p-r,k) \tag{4.8}$$

式（4.8）右侧第一项即对像点 p 赋予深度 d 的匹配代价，第二项是当前路径上点 p 的上一个点 $p-r$ 的包含了惩罚系数的最小匹配代价，第三项对最优路径的产生没有施加影响，加入这一项的目的仅是为了防止 L 过大，使得 $L \leqslant C_{\max} + P_2$。

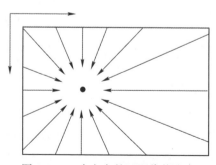

图 4.1 16 个方向的匹配代价聚合

最终，各个方向的代价被累加成为总的匹配代价：

$$S(p,d) = \sum_r L_r(p,d) \tag{4.9}$$

4.2.4 视差计算与优化

1) 视差计算

在计算得到所有像点的所有可能视差的匹配代价 $S(p,d)$ 后，便得到了一个完整的匹配代价空间。对于左像视差图 D_1 的确定就是一个简单的选择过程：对于每一个像点 p，$d_{final} = \min_d S(p,d)$ 即为满足能量函数最小的视差。尽管在计算匹配代价的时候，左像和右像并不是相同对待的，但仍可以根据 $S(p,d)$ 来估算右像的视差图 D_2：对于右像中的每个像点 q 以及可能的深度 d，首先在左图中寻找对应点 $p(q,d)$，然后再根据该点的匹配代价选择深度 $d'_{final} = \min_d S(p(q,d),d)$。

2) 一致性检测

经过上述过程便得到了初步视差图，这样的视差图通常存在两种错误。首先是遮挡，由于半全局算法是基于动态规划的，在这样的区域无法给出正确值，并且由于平滑约束的存在，往往在这些区域会误用邻近区域的深度值；其次是任何算法都无法避免错误匹配。遮挡和错误匹配的存在使得两幅图中场景点的映射不是一对一的，破坏了匹配的一致性，因此需要一种方法来检测遮挡与错误。

经过处理的左像和右像视差图可以作为判断遮挡和错误匹配的依据，即进行一致性检查。这个过程是通过比较算法输出的匹配点对的视差来进行的，若两者差别过大，则不接受算法输出的视差并设为不可用点。实质上这样的一致性检查保证了唯一性约束，使得左像与右像像点一对一映射，并且提供了有效检查遮挡和错误匹配的一种方法。

3) 视差优化

由此产生的视差图像仍然会包含某些类型的错误，如异常值，即由于低纹理、反射、噪声等产生的完全错误的视差。此外，通常有需要恢复的无效值区域。视差值的细化求精过程是对所求初始视差图做进一步的后续优化处理。该步骤主要包括峰值滤波和不连续区域插值。

峰值滤波：由于低纹理信息、噪声及反射的影响使视差图中包含异常值，一般表现为一小片区域与周围视差完全不同。通常可以预定义阈值的大小，这样可以让低于阈值的部分不体现有效结构。可以通过分割图像来识别峰值，本节采用格网大小为 4，相邻格网视差差异在 1pixel 内。若格网内所有视差均小于阈值，则置于无效值。

不连续区域插值：视差一致性检查、视差图像融合以及峰值滤波等操作可能引起一些视差缺失，表现在视差图中就是视差图像的孔洞，需要用内插来重建密集的结果。此外，为了达到亚像素的匹配精度，实际需要通过内插的方法使视差图连续紧密，通常采用二次曲线拟合，计算最佳位置。

由于 SGM 算法的基础是点的匹配代价，其优化方式的基础是动态规划。这种方法使得在某点的视差决策会受到由其他点传播而来的信息的影响，并且半全局立体匹配采用了多个方向的动态规划，因此每个点能够收到更多的来自其他点的信息，比如在遮挡的部分，虽然在寻找匹配点的过程中无法在另一幅图像中找到对应的点而导致匹配代价的计算产生错误，但是由于它接收到了来自多个方向的非遮挡部分的信息，因此会或多或少地将其引导到正确的方向上。在速度上，半全局的立体匹配方法远远超过了其他方法，这是由算法结构的简单性引起的；噪声的鲁棒性方面，动态规划的信息传播特性有助于降低对于噪声的敏感性，而多方向的动态规划更是能够加强这方面的能力。

4.2.5 试验与结论

影像匹配作为一个典型的不确定性问题，仅靠两张影像很难有效解决。目前研究热点方向之一是利用多张像片的信息冗余来解决匹配的病态问题。天绘一号卫星影像采用三线阵的推扫模式，可以同时获取同一目标的三张影像，使卫星影像的多基线匹配成为现实，本节采用两种基线构建的两个立体模型实现融合，即将前视与下视匹配结果和下视与后视匹配结果进行融合。

1) 试验数据

试验采用附加 RPC 参数的天绘一号卫星三线阵 1B 级卫星影像产品数据。如图 4.2 所示，三景影像分别是前视、下视和后视，分辨率为 5m。摄影时间为 2013 年 5 月 23 日。试验区域为河南，区域内高差为 900m。

2) 试验过程

整个试验过程如图 4.3 所示。

(1) 金字塔结构：为了提高搜索的效率，本节采用金字塔的方法，以顶层匹配、上层匹配的结果作为下层匹配的初值约束。

(2) 分块方法：半全局方法需要临时开辟内存，包括像素匹配成本 $C(p,$

d),聚合成本 $S(p,d)$,以及视差图像 D。临时内存的大小取决于图像大小和视差范围 D,即使中等大小的图像也需要超过可用内存的大型临时数组。这里的解决方案是将图像划分为瓦片,分别计算每个瓦片的视差,完成每个瓦片的计算后,将瓦片融合成完整的视差图像。为了保证瓦片之间的衔接,瓦片之间应有重叠,对于重叠区域通过计算所有瓦片视差的加权平均数来完成瓦片融合。

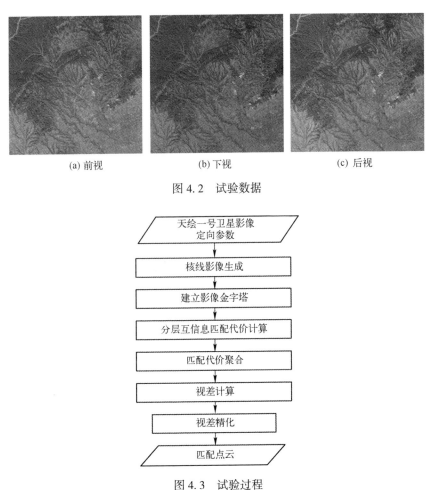

(a) 前视　　　　　(b) 下视　　　　　(c) 后视

图 4.2　试验数据

图 4.3　试验过程

(3) 视差融合:将前视和下视生成的视差图像以及下视和后视生成的视差图像(这两个视差图像均是完成一致性检测以及优化后的结果)进行融合,将每个视差图像通过重建所有像素转化为三维空间,在三维空间实现对两张视差图像的融合。

3) 结果和分析

本次试验同时匹配了前视、下视和后视影像。由于采用逐像点匹配,匹配像素大约为12000×12000pixel,约1.4亿个点。图4.4~图4.6为实际匹配的试验结果。图4.4是前视和下视匹配结果。图4.5是下视和后视匹配的结果。图4.6是前视和下视匹配结果与下视和后视匹配结果的融合结果。

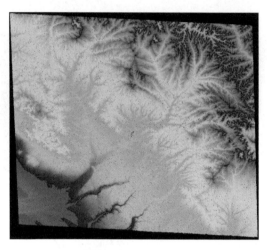

图4.4 前视和下视匹配的结果(见彩图)

图4.5 下视和后视匹配的结果(见彩图)

由于该方法采用基于互信息的匹配测度和动态规划的整体匹配方法,并且同时利用前视、下视和后视的影像的灰度信息,不仅可以使获得的数字表面模型(DSM)很好地表达成像地区的宏观地形,也可以准确表达地形较为

图 4.6 前视和下视与下视和后视匹配融合结果（见彩图）

破碎地区的细部地貌，同时保持了 DSM 的精度和可靠性，大大减少了自动生成 DSM 中存在的粗差和人工后处理的工作量。试验结果表明，对于天绘一号卫星影像的三维重建，达到了较理想的效果。

4.3 线特征约束的建筑物密集匹配边缘全局优化方法[12]

立体影像密集匹配具有点云密度大、匹配结果稳定、成本低等突出优势，因此可以广泛应用于一些智能 3D 场景，如测绘制图、变化监测、智慧城市、无人驾驶、虚拟现实、游戏动画、抢险救灾等[13-18]。立体影像密集匹配常采用固定匹配窗口，来计算和比较同名点之间的特征相似性。其基本假设是局部匹配窗口内，所有像点的视差均一致。该假设在大部分场景下适用，但是在建筑物边缘区域，由于存在明显的视差/高程阶跃变化，该假设无法成立。在建筑物边缘区域，固定匹配窗口会带来较大的匹配歧义性，从而降低建筑物边缘的匹配精度，具体表现为：建筑物边缘不规则，建筑物边缘外扩等问题，如图 4.7 所示。图 4.7（a）、（c）表示原始影像，图 4.7（b）、（d）表示对应的立体影像密集匹配结果。(a)、(c) 中红色的线，以及 (b)、(d) 中白色的线是对应的建筑物直线边缘特征。其中，密集匹配算法采用著名的 SGM[19-20]算法，匹配特征算子采用 Census[21]，匹配窗口大小为 9×9pixel。从图 4.7 可以看出，SGM 算法的匹配结果，在建筑物边缘区域存在明显的外扩问题，从而影响后续建筑物的三维重建精度。除了 SGM 算法以外，其他基于固定匹配窗口的全局/半全局密集匹配算法,也存在同样的问题[22-25]。除了固定匹配窗口因素以外,匹配常用的视差平滑约束,同样也是边缘外扩的因素之一。

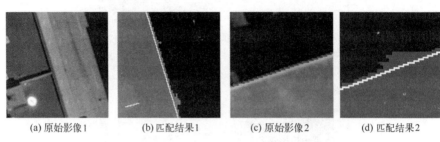

(a) 原始影像1　　(b) 匹配结果1　　(c) 原始影像2　　(d) 匹配结果2

图 4.7　密集匹配算法在建筑物边缘区域的匹配结果（见彩图）

为了获取高精度的建筑物边缘,目前主要有两种解决方案。一种方案是在密集匹配过程中加入线特征约束或者面特征约束,削弱建筑物边缘处的匹配歧义性,从而提高建筑物边缘处的匹配精度[26-27]。这类方法往往可以取得比传统 SGM 算法更高的匹配精度,但是这些方法的线、面特征约束是根据自身算法的实际情况来定制设计的,不一定适用于其他密集匹配方法,比如,文献［26］采用动态规划思想来优化密集匹配结果,并采用影像线特征自适应调整动态规划方程中的惩罚项系数,以提高边缘处的密集匹配精度;但是对于不含惩罚项系数的密集匹配方法（如基于最小生成树的密集匹配方法[28]、基于深度学习的密集匹配方法[29]）,无法使用这类线特征约束。第二种方案是通过后处理的方式,直接对密集匹配视差图或者 DSM 中的建筑物边缘进行优化。这类后处理的方法,要么考虑灰度特征分布和实际视差/高程分布之间的相关性,修正所有像点的视差/高程,使其与对应的影像灰度分布近似,从而达到边缘优化的目的;要么从影像中提取线特征或者面特征,并修正视差/高程边缘,使其与影像线特征或面特征尽量接近。因此,通过后处理来优化边缘的方法可以分为两类:①基于灰度特征分布的边缘锐化算法;②基于线面特征的优化算法。

大多数基于灰度特征分布的边缘锐化算法通过局部窗口内的灰度特征,来改善视差/高程,因而也称为局部边缘锐化算法[30-36]。该类算法假设在局部窗口内,灰度相似的像点,其视差/高程也是一致的。由于建筑物边缘往往也是灰度阶跃的边缘,因此可以采用这类局部边缘锐化算子进行滤波,通过灰度分布来重新调整建筑物边缘,从而获得更加精细的建筑物边缘。但是受限于窗口大小,该类局部锐化算法很难改正建筑物边缘处一些较大的误差匹配。

为了解决边缘处较大误匹配的问题,需要从更加全局的角度来修正建筑物边缘,也称为全局边缘锐化算法[37-38]。该类算法假设整张影像中,相邻且灰度相似的像点,其视差/高程应该尽量接近,从而将视差/高程优化问题转化为全局能量函数的最优解计算问题。全局边缘锐化算法能够有效优化建筑物边缘,但是由于影像纹理(非边缘区域)也具有灰度阶跃特性,因此在影像纹理区域容易出现"锐化"假象。

基于线面特征的优化算法首先从影像中提取线、面等几何特征,然后改正建筑物边缘的视差/高度,使得边缘特征与影像的几何特征相符。文献[19]通过影像分割算法,提取影像中的面特征,并将每个面特征作为一个视差平面进行优化,从而达到改善边缘的目的。但是,过大的面特征不一定满足视差平面假设,可能导致匹配精度下降。文献[39]进一步采用直线特征提取算子(Line Segment Detector,LSD)来提取建筑物的边缘,并假设边缘特征附近的局部区域满足平面约束,从而实现边缘优化。该方法计算效率高,但是由于其只考虑直线附近区域的视差/高程优化,因此容易导致与直线区域以外的像点之间的视差/高程断裂,并且容易将直线附近区域的地形地貌强行抹平。文献[40]通过平移边缘附近的像点,来改善建筑物边缘,其本质是舍弃直线边缘附近的所有视差/高程,然后以直线边缘为中心,分别利用边缘以外的建筑物视差/高程信息和地面视差/高程信息,向中心边缘进行内插。但是,该方法同样会将建筑物边缘附近的地物抹平。文献[24]计算边缘像素的视差和匹配代价,通过取最小代价的视差来优化边缘。文献[41]通过超像素分割来确定物体边缘,并通过加权中值滤波来优化物体边缘。

为了解决局部边缘锐化算法难以解决较大误匹配的问题,并解决基于线面特征优化算法强行抹平附近地物的问题,本书提出了一种新的基于直线特征约束的建筑物边缘全局优化方法,能够在解决较大的建筑物边缘误差的同时,保留建筑物附近的地物。该方法能够有效矫正建筑物边缘的误匹配问题,解决建筑物边缘外扩的问题,最终重建高精度的建筑物三维边缘。

4.3.1 基本原理

该方法的主要思想是,将建筑物边缘优化问题转化为一个新的全局能量函数的最优解计算问题,并采用图割算法进行全局最优计算。全局能量函数由代价项和正则项两部分组成。考虑到保留建筑物边缘附近的实际地物,代价项的设计主要根据估计视差/高程与原始视差/高程之间的距离,以及该像点的视差/高程置信度来共同决定。正则项的设计，则是依据灰度相近的相邻像点，其视差/高程也是以相似的原则来设计的。具体流程如图4.8所示。算法的输入是原始核线影像和视差图（图4.8（a）），或者是正射影像和对应的DSM，其中图4.8（a）中视差图的视差范围是34~96pixel。首先，采用直线特征提取算子LSD[42]，来检测并提取建筑物的边缘，如图4.8（b）所示，红色、白色的线分别表示采用LSD算法检测和提取的建筑物边缘。两条边缘线均位于屋顶边缘。然后，分别优化每一条直线特征，将直线特征的优化问题转化为全局能量函数最优解的计算问题。全局能量函数由代价项和正则项两部分构成，如图4.8（c）所示。其中代价项的计算是根据估计视差/高程与原始视差/高程之间的距离 Δd，当前像点与建筑物边缘之间的距离 s 等因素共同决定的。Δd 越小、s 越小，则代价越小，反之则越大。正则项的计算，则

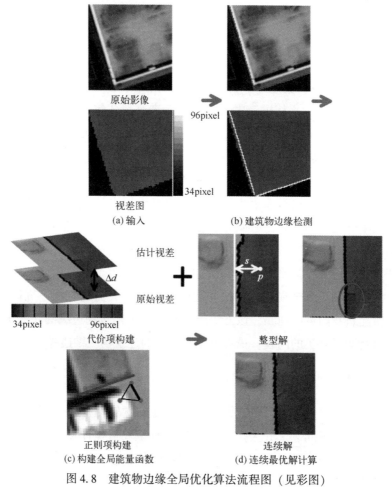

图4.8　建筑物边缘全局优化算法流程图（见彩图）

是依据灰度相近的相邻像点，其视差/高程也是以相似的原则来设计的。图 4.8（c）中的三个蓝色的圆形表示边缘附近的 3pixel，黑色的连接线表示全局优化中的视差平滑约束，线越粗表示约束越强。灰度相近的像点之间的约束较强，从而在后续全局优化中鼓励它们的视差/高程一致；反之，则灰度差异较大，像点之间的约束较弱。最后采用图割算法求解整型最优解，并采用基于图像引导滤波的方法获得连续最优解。

4.3.2　建筑物边缘检测

本节算法实质以直线边缘为基本单元，优化直线边缘附近的高程/视差。这里采用直线段检测（LSD）算法来检测和提取影像的直线特征。但是，受地物纹理、阴影等因素的影响，采用 LSD 算子提取的直线特征，大部分不属于建筑物的边缘。考虑到建筑物边缘的视差/高程阶跃特性，这里采用线缓冲区方法[39]来从 LSD 直线特征中，进一步提取建筑物的边缘。具体流程为：①首先，采用 LSD 算子检测影像的直线特征，如图 4.9（b）所示；②以每一条直线为中心，建立缓冲区，统计直线两边的视差/高程情况；③如果直线位于视差/高程的阶跃区域，则作为建筑物的边缘提取出来，如图 4.9（c）所示。本算法实质以直线边缘为基本单元，优化直线边缘附近的高程/视差。因此，除了文献［39］提出的基于缓冲区的直线边缘提取方法之外，其他能够提取直线边缘的方法，同样适用于本节算法，如手动提取直线。

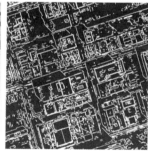
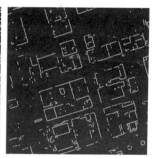

(a) 原始影像　　　　(b) 原始LSD直线特征　　　　(c) 建筑物边缘检测

图 4.9　建筑物边缘检测结果（见彩图）

4.3.3　全局能量函数设计

提取出建筑物边缘的直线特征之后，需要分别对每一条边缘直线特征进行优化。优化的核心思想是改变边缘直线附近像点的视差/高程，从而使得改正后的视差边缘/高程边缘与影像的边缘直线尽量接近。因此，首先需要寻找边缘直线附近的像点。本节采用"内/外缓冲区"的思路，来统计边缘直线附近的像点，如图 4.10 所示。白色直线表示建筑物的边缘直线，红色方框表示内缓冲区。本节算法通过改变内缓冲区内所有像点的视差/高程，使得视差/高程边缘与影像边缘尽量接近。蓝色方框表示外缓冲区。外缓冲区内像点的视差/高程是不做任何变化的。外缓冲区的作用有两个：①采用固定窗口来计算能量函数的代价项，因此在计算代价项的过程中，会有一部分代价窗口超出内缓冲区的范围。超出的部分可以采用外缓冲区来计算。②传统的图割算法只能提供整型最优解，因此，在内缓冲区和外缓冲区之间，存在明显的视差/高程断裂。在后续连续最优解的计算过程中，将考虑外缓冲区的像点，使得内外缓冲区之间的边界平滑过渡。外缓冲区的半径 r_{out} 设置为代价窗口的一半。考虑到立体影像密集匹配窗口通常采用 9×9 窗口[43-44]，这里将内缓冲区半径 r_{in} 设置为 10。

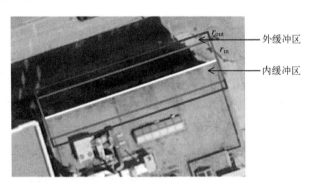

图 4.10 边缘直线的内/外缓冲区（见彩图）

在统计边缘直线附近的像点之后，可以通过改变内缓冲区中像点的视差/高程，来达到边缘优化的目的。边缘优化的准则包含两个方面：①优化后的视差/高程，与原始视差/高程尽量接近；②相邻且灰度相近的像点，其视差也是相似的。根据上述两个准则，可以将视差边缘优化问题，转化为全局能量函数的最优解计算问题，即有

$$\min E(D) = \sum_{p \in B_{in}} S_c(p) \cdot \text{Cost}(p,d) + \\ \sum_{p,q \in N} P \cdot w_c(p,q) \cdot w_e(p,q) \cdot \min(|d_p - d_q|, \sigma) \quad (4.10)$$

式中：D 表示内缓冲区中所有像点的估计视差/高程的集合；$E(D)$ 表示全局能量函数的目标函数值；B_{in} 表示内缓冲区所有像点的集合；p 表示内缓冲区

中的任意一个像点；$\text{Cost}(p,d)$ 表示像点 p 对应于视差/高程 d 的代价，根据估计视差/高程与原始视差/高程之间的距离来计算；$S_c(p)$ 表示像点 p 的置信度，表示像点 p 的代价计算的可靠性，用于降低误匹配点的代价权重；N 表示所有邻域像点的集合；q 表示 p 的邻域像点；d_p、d_q 表示像点 p、q 的估计视差/高程；σ 表示截断值，用于定义视差阶跃条件的阈值；P 表示惩罚项系数；$w_c(p,q)$ 表示根据像点 p、q 的灰度差，计算出来的权重，一般灰度差越小，权越大；$w_e(p,q)$ 表示根据像点 p、q 位置定义的权重，如果 p、q 位于直线边缘的同一侧，则权 w_e 为 1，否则，权 w_e 为 0。w_e 能防止直线两边的优化结果相互影响，从而获得更加锐利的边缘。能量函数式（4.10）中的第一项称为代价项，第二项称为正则项。

1）代价项计算

大多数算法[19,39-40]采用平面模型来改变边缘直线附近的视差/高程，因此，会强行删掉边缘直线附近的实际地物。为了解决这个问题，这里将估计视差/高程与原始视差/高程之间的距离，作为代价计算的一个依据。若距离越小，则代价越小；反之，则代价越大，从而尽可能地保留直线附近的实际地物，即有

$$\text{Cost}(p,d) = \min(|d-d_p^0|, \sigma)/\sigma \tag{4.11}$$

式中：d_p^0 表示像点 p 的原始视差/高程；σ 表示截断值，主要根据视差阶跃条件来定义，本节所有试验中均定义为 2。式（4.11）最后除以 σ，从而保证所有像点的代价位于 [0,1] 之间。

但是，原始视差/高程同样存在一定的误匹配问题，单纯采用上述距离测度计算的代价，有可能在优化中将误匹配点也保留下来。因此，这里定义了视差/高程置信度准则，用于衡量内缓冲区中每个像点是正确匹配点的概率。置信度越高，则表示正确匹配点的概率越大，且在后续全局优化中的权重越大；反之，则权重越低。本书定义了两种置信度准则：一种是像点与边缘直线的距离，考虑到匹配边缘的外扩问题，距离越近，则像点是正确匹配点的概率越小，距离越远，则像点是正确匹配点的概率越大；另一种是像点与周围灰度相近像点之间的视差/高程差异，差异越小，则像点是正确匹配点的概率越大，差异越大，则像点是正确匹配点的概率越小。因此，综合两个准则，置信度的计算式为

$$S_c(p) = \frac{\text{dis}_e(p)}{r_{\text{in}}} \cdot \exp(-|d_p^0 - \overline{d_p}|^2/\sigma^2) \tag{4.12}$$

式中：$\mathrm{dis}_e(p)$ 表示像点 p 到边缘直线之间的距离；r_{in} 表示内缓冲区半径；d_p^0 表示像点 p 的原始视差/高程；$\overline{d_p}$ 表示像点 p 周围灰度相近像点的视差/高程的均值，本书采用双边滤波算法计算[35-36]，滤波窗口大小为 7×7pixel。S_e 用于减少误匹配点在后续全局优化中的权重，以便于依靠周围的正确匹配点来修正误匹配点的视差/高程。

2) 正则项计算

能量函数的正则项用于对缓冲区内的所有像点引入视差/高程平滑约束。相邻像点的灰度越接近，则视差/高程平滑约束越强，从而在改正边缘直线附近的误匹配点的同时，尽可能多地保留缓冲区内的细节信息。定义的正则项与三个因素有关：①相邻像点的灰度差；②相邻像点是否位于直线的同一侧；③相邻像点的视差/高程差异。

相邻像点灰度越接近，则正则项的视差/高程平滑约束越强。这里采用高斯核函数来定义相邻像素之间的灰度接近程度，即有

$$w_c(p,q) = \exp(-|I_p - I_q|^2 / \sigma_c^2) \tag{4.13}$$

式中：I_p、I_q 分别表示像点 p、q 的灰度；σ_c 表示与灰度相关的高斯核函数平滑因子，通常取为 10。当像点 p、q 之间的灰度越接近时，灰度权 w_c 越接近 1。

在有些情况下，边缘直线两侧的灰度差异较小，灰度权 w_c 较大，导致边缘直线两侧的视差/高程平滑过渡，边缘直线的锐利程度降低。为了保证优化后的视差/高程边缘与影像边缘直线特征尽量接近，这里禁止直线两侧像点之间的正则平滑约束，如图 4.11 所示。图中：白色直线表示建筑物直线边缘；蓝色圆圈表示缓冲区内的像点；黄色线表示相邻像点之间的正则项，线的粗细表示正则项平滑约束的大小；红色线框表示内缓冲区。在本节算法中，只有位于同一侧的相邻像点才有正则项的平滑约束。

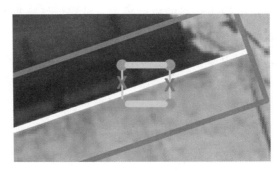

图 4.11　正则项平滑约束示意（见彩图）

如果相邻像点属于同一侧缓冲区，则需要引入正则项平滑约束，将正则项中的同侧权值 $w_e(p,q)$ 定义为 1；反之，则定义为 0，即

$$w_e(p,q) = \begin{cases} 1, & p,q \text{ 同一侧} \\ 0, & p,q \text{ 不同侧} \end{cases} \quad (4.14)$$

4.3.4 连续最优解计算

本节采用图割算法[46]，获取全局能量函数（式（4.10））的最优解。但是，传统的图割算法只能获得整型最优解，导致缓冲区内的像点和缓冲区外的像点出现轻微的视差/高程断裂，如图 4.12（a）所示。其中白色的线表示影像上的边缘直线特征，红色的线是剖分图轨迹，对应右侧的折线剖分图。为了获得连续解，需要综合考虑外缓冲区像点的视差/高程，对内缓冲区像点进行平滑滤波。为了保证滤波后的视差/高程边缘的几何精度不受影响，本节采用保边滤波算子（如基于图像引导的滤波[34]），对缓冲区内的像点进行平滑滤波。考虑到一些房子的屋顶与地面的灰度差异不明显，即使采用保边滤波算子，也无法在滤波过程中保持建筑物边缘的尖锐性。因此，本节以边缘直线特征为界限，分别对边缘直线两侧进行滤波。当有滤波窗口中的像点超出边缘直线时，超出部分的像点不参与滤波计算，如图 4.12（a）所示。图 4.12（a）中的绿色方格表示当前需要滤波的像点，蓝色方格表示周围的八邻域像点。蓝色方格中，最右侧的三个方格超出边缘直线，因而这三个方格不参与滤波计算。

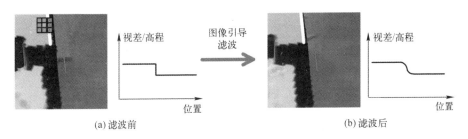

图 4.12 连续最优解计算示意（见彩图）

基于图像引导的滤波[34]是一种高效的保边平滑算子，其核心思想是将局部窗口内的像点视差/高程进行加权平均。窗口内每个像点的权值大小取决于局部视差和灰度之间的线性模型。由于视差/高程边缘往往也是灰度边缘，因此基于图像引导的滤波具有很好的保边性质。本书采用基于图像引导的滤波算子，进一步改善内缓冲区中的整型视差/高程。在滤波过程中，外缓冲区中

的像点同样参与计算，从而能够为内缓冲区视差/高程的优化提供边界约束。基于图像引导的滤波算子的定义为

$$d'_p = \frac{\sum_{q \in W_p} w(p,q) \cdot d_q}{\sum_{q \in W_p} w(p,q)}, \quad p \in B_{in}, W_p \in B_{in} \cup B_{out} \quad (4.15)$$

式中：d'_p 表示经过平滑滤波后的连续解；B_{in} 表示内缓冲区所有像点的集合；B_{out} 表示外缓冲区所有像点的集合；W_p 表示以 p 为中心的滤波窗口；$w(p,q)$ 表示像点 p、q 之间的权值，其计算方式仍然沿用文献［22］的方法，通过局部视差和灰度之间的线性模型来获得。

4.3.5 试验与结果分析

本节采用实际的卫星立体像对数据集，从定量和定性两个角度来分析本书算法的正确性和有效性。卫星立体像对数据集包括约翰斯·霍普金斯大学和美国智能先进研究计划（IAPRA）提供的杰克逊维尔地区的 WorldView-3 卫星影像数据集和对应的激光点云（LiDAR）DSM。

该部分试验主要测试 DSM 中建筑物边缘的优化效果。其中，WorldView-3 卫星数据集共包含 4 个立体像对，空间分辨率为 0.3m，像对重叠区域约为 0.5km²。激光点云 DSM 的空间分辨率为 0.5m，范围约为 0.1km²。首先，将每个立体像对重采样成核线影像，采用 SGM 半全局密集匹配算法[8]计算对应的视差图，并采用左右一致性检测剔除误匹配点；然后根据视差图生产对应的 DSM，进行 DSM 内插。为了便于利用激光点云 DSM 来评估精度，每个卫星立体像对 DSM 和正射影像均切割成与激光点云 DSM 同样的范围，并将两者的空间分辨率重采样成 0.5m。具体测试数据集、对应的原始 DSM 和激光点云 DSM 如图 4.13 所示。图 4.13（a）、（b）、（e）、（f）表示卫星正射影像，（c）、（d）、（g）、（h）表示立体像对 DSM 和激光点云 DSM。

采用本节算法和基于缓冲区平面模型的建筑物边缘修正（plane based boundary refinement，PBR）方法[39]，分别对图 4.13 中的四组原始 DSM 进行边缘优化，并以激光点云 DSM 作为高程真值，对各个算法的边缘优化结果进行性能评估、对比和分析。其中，基于缓冲区平面模型的建筑物边缘修正方法（PBR）[39]假设缓冲区内的高程/视差满足平面约束，通过计算缓冲区内的平面方程，来优化建筑物的边缘。由于两种算法均仅仅优化建筑物的边缘，因此，本节仅仅在提取的建筑物边缘区域评估两种方法的边缘优化精度。为了客观评价两种算法的优化效果，以激光点云 DSM 作为真值，定量分析优化

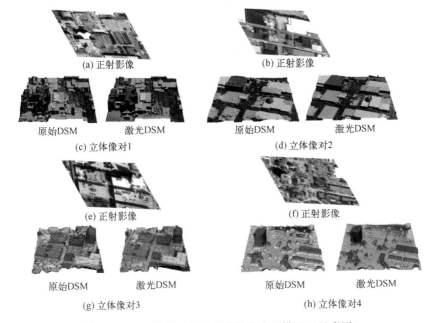

图 4.13　卫星数据集与对应的数字表面模型（见彩图）

后的 DSM 与原始 DSM 相比精度的提升情况。总的来说，本节通过以下指标来评价各个算法的性能：①平均误差变化，建筑物边缘区域的平均误差在优化前后的变化（即优化后的平均误差减去原始平均误差）；②误差小于 2m 的像点百分比变化（bad-2），统计误差小于 2m 的像点所占百分比在优化前后的变化（即优化后的百分比减去原始的百分比）；③误差小于 3m 的像点百分比变化（bad-3），统计误差小于 3m 的像点所占百分比在优化前后的变化。采用这三种精度评价准则，分别对 PBR 和本节算法进行性能评定，结果如图 4.14 所示。在图 4.14 中，平均误差变化越小表示优化后的精度提升越大；而 bad-2、bad-3 越大，表示优化后正确点的百分比提升越大。

从图 4.14 可以看出，除图 4.14（c）的像对 2 外本节算法的优化效果明显优于 PBR 算法。在平均误差变化测度中，PBR 算法在部分像对上的平均误差变化大于 0，说明 PBR 算法反而降低了原始 DSM 的精度，这是因为建筑物边缘附近经常存在其他地物（如树木等），不符合平面约束条件，因此基于平面约束的 PBR 算法在这种情况下会降低 DSM 精度。而本节算法采用了更加灵活的约束，依靠相邻且灰度相似的像点来优化建筑物边缘，从而能保留建筑物附近的不相似地物，最终提高 DSM 的精度。在大部分像对中，PBR 算法的 bad-2 和 bad-3 两个测度小于 0，说明 PBR 算法反而减少了建筑物边缘附近

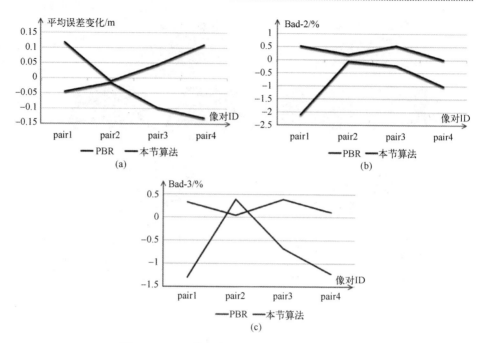

图 4.14 卫星数据集的性能对比结果（见彩图）

的正确点数目。而本节算法在大部分像对中的 bad-2 测度和 bad-3 测度大于 0，说明经过本书算法优化，建筑物边缘附近的正确点数目得到提升。因此，综合高程误差和正确点百分比两个方面，其对比结果均证明本节算法能够提高卫星 DSM 中的建筑物边缘精度。

为了更全面地评估本节算法的性能，图 4.15 列出了一些优化前后的建筑物边缘对比。在图 4.15 中，正射影像中的红色直线表示提取的边缘直线，与 DSM 中的白色直线是一一对应的关系。原始 DSM 中的红色像点表示因为误匹配而导致外扩的边缘，而被红色曲线所包围的像点（图 4.15（c）），表示因为遮挡区域高程内插而导致的边缘外扩问题。PBR 算法通过强行将边缘附近的区域拟合为平面，获得与正射影像直线特征完全吻合的建筑物边缘，但是这类过强的约束，同时也会破坏建筑物附近的地形地貌，反而降低了 DSM 的精度，如图 4.15（b）和（c）所示。本节算法能够在优化建筑物边缘的同时，有效保留建筑物附近的不相似地物，如图 4.15（b）所示，并对遮挡区域的建筑物边缘，有着明显的改善效果，如图 4.15（c）中的红色曲线区域所示。但是，本节算法的效果依赖于图像的质量，当边缘误匹配像点的灰度信息与周围正确匹配像点的灰度信息存在较大差异时，本节算法无法对这类边缘进行优化,如图 4.15(a)中下方的建筑物边缘所示。

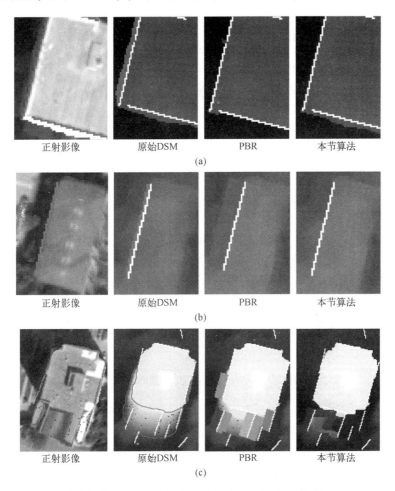

图 4.15　两种算法的边缘优化效果对比(见彩图)

图 4.15 中的边缘优化对比是以直线段为基本单元。为了更加全面地评估本节算法的边缘优化效果,以图 4.13 中的立体像对 4 作为测试对象,测试整栋建筑物的直线边缘优化效果。测试中的立体像对 DSM 和正射影像采用切割前的产品,范围约为 0.5km^2(2221×2223pixel),采用文献 [39] 的方法对建筑物进行直线边缘检测,部分没检测出来的直线,采用人工方法提取,从而形成完整的建筑物轮廓,总计提取出 46 栋建筑物的边缘。然后,采用本节算法进行建筑物边缘的全局优化,优化结果如图 4.16 所示。图 4.16 中,图(a)表示优化前后的全局 DSM,图(b)至图(d)表示局部若干栋建筑物的边缘在优化前后的对比。图(b)至图(d)的具体地理位置,如图(a)中

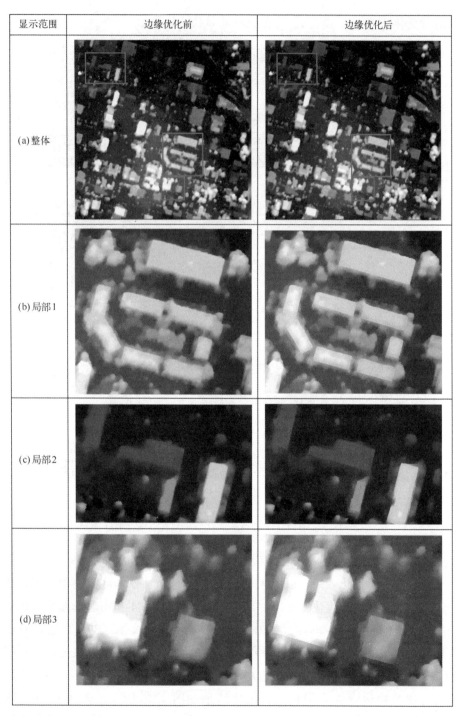

图 4.16 整栋建筑物优化前后的边缘对比效果（见彩图）

的红框所示。由于本节算法只优化建筑物边缘，因此从整体上看，优化前后的两组全局 DSM 区别不大，如图 4.16（a）所示。但是，在局部范围内，建筑物边缘的优化效果较为明显，如图 4.16（b）至图（d）所示。其中，优化前建筑物边缘有一定程度的外扩。在建筑物和地面之间存在平滑过渡区域，导致边缘模糊化。经过本节算法优化后，建筑物在 DSM 中的边缘具有较明显的直线特征，从而提高了建筑物边缘重建的精度。

4.4 高分七号卫星立体影像精细三维重建[48]

随着遥感数据获取技术的不断进步，遥感影像的空间分辨率和时间分辨率不断提高。2019 年 11 月 4 日，我国新一代高精度立体测绘卫星高分七号发射成功。高分七号是我国首颗民用亚米级高分辨率光学传输型立体测绘卫星。高分七号卫星以立体测绘相机、激光测距仪等为有效载荷，一次摄影可同时获取 20km 幅宽的 0.8m 分辨率两线阵立体、3.2m 分辨率多光谱，可实现 1:10000 立体测图生产及更大比例尺基础地理信息产品更新，可以有效满足国土资源调查与监测、防灾减灾、农林水利、生态环境、城市规划与建设、交通和国防建设等领域对高精度基础测绘数据的需求[49-50]。如何利用亚米级遥感卫星影像精细重建 DSM 是当前摄影测量领域研究的重点和难点问题。

影像定向是卫星影像处理的基础，定向处理的精度将直接影响后续系列处理过程及其成果的精度。对于高分辨率卫星遥感影像，学者们围绕 RFM 传感器模型的误差改正开展了大量的研究[51-57]。这些研究包括有控制点和无控制点两种方式。研究表明，前者可以改善传感器模型的绝对定位精度，后者仅能提升传感器模型的内部符合精度。而实际应用较多的是无控制点方式的区域网平差处理方法。用无控制点方式，在传感器模型含有一定误差的情况下如何高效和高精度地通过自动影像匹配获取 DSM/DEM 是当前应该关注的重点。现有的研究大多集中在通过光束法区域网平差来改正每个影像的定位误差。实际平差后，单个立体像对之间可能会存在一定的相对定向误差[55]，这个误差势必会影响后续影像匹配的可靠性和效率。

核线影像生成是影像匹配的前提。通过核线重采样过程生成核线影像，可以消除同名像点之间的上下视差，使得影像匹配的搜索过程从二维变成一维，显著提升影像匹配的可靠性和效率。目前生成 DSM/DEM 大多是利用核线影像自动匹配的方法获取。由于行中心投影的线阵卫星影像几何关系相对复杂，其核线模型并没有严格的核线定义，通常采用基于投影轨迹法的核线获取方法。研究表明，基于投影轨迹法的核线模型是曲线模型，但是在局部范围内这种曲线模型可以当作直线或多个线段来表示[56-61]。在像幅范围比较大的情况下，近似成直线处理通常会带来较大的近似误差，进而影响核线影像的生成精度，而若采用分段处理，则需要记录各个线段的参数，将给后续处理带来额外的计算量。

影像匹配是卫星影像处理的关键，按照影像匹配的方法和策略的不同，匹配方法通常可以分为两类：局部匹配方法和全局匹配方法。局部匹配方法孤立地考虑场景中某个点或者某个部分的匹配问题，忽视了场景中各个部分的联系，对于纹理弱的场景匹配结果差，而且对于噪声的鲁棒性也很差。同局部匹配方法相比，全局匹配方法更多地体现全局性，在对待噪声、重复纹理以及遮挡方面，适用性较好，表现稳定，逐渐受到重视，已经广泛应用到卫星和航空遥感影像的匹配中。最有代表性的是文献[19-20]提出的半全局匹配(SGM)算法。SGM算法是基于逐像点的密集匹配方法，计算资源的开销和计算代价都非常大，为了实现计算效率的提高，算法通常会在金字塔上逐层进行半全局匹配，利用上层的匹配结果动态限制每个像点的视差搜索范围，大大减少了算法的内存开销和计算时间，同时提高了匹配的准确度。由于SGM算法多采用基于固定窗口的Census匹配测度，其本质上是一种特征匹配算子，因此当重复纹理信息较多时会出现特征混淆，获取的顶层匹配结果会受到一定的影响，产生错误的匹配并逐层传递到下层匹配结果，影响最终DSM的生成效果。

为了实现亚米级卫星影像的高精度精细三维重建，本节针对高分七号卫星前后视线阵相机的成像特点，围绕影像的定向、影像畸变消除、密集匹配方法优化等方面，提出一套完整的精细摄影测量处理方法和流程。具体流程如图4.17所示。该方法首先利用立体像对的同名像点，通过平差的方法改正有理多项式系数（RPC）的相对误差，再通过一个像方空间的偏移量来描述左右影像之间在无控制点条件下的相对定位误差，达到精化RPC的目的；其次借鉴航空面阵影像的水平纠正理论，采用基于RPC的线阵影像水平纠正方法，对前视和后视影像进行水平纠正，消除立体影像之间的尺度和旋转等畸变问题；最后提出一种全球公开DEM（航天飞机雷达地形测绘任务(SRTM)）数据约束下的多测度半全局匹配算法（AD-Census SGM），可以在一定程度上减少弱纹理区域带来的误匹配问题。

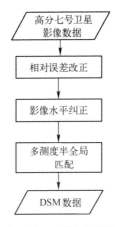

图 4.17 高分七号卫星精细摄影测量处理流程

4.4.1 立体像对的相对误差改正

影像定向是重建的基础,定向精度直接决定后续处理的精度。现有的卫星影像通常采用直接定位的方式,将严格传感器模型进行高精度拟合转换为 RPC 传感器模型,实现后续的影像处理。严格传感器模型通常包含系统的轨道定位误差、星敏感器误差以及内定向参数误差等,这些误差也会传递到 RPC 中。因此针对采取直接定位的光学卫星立体影像,有必要在匹配之前,针对 PRC 的相对误差单独进行改正处理。具体模型参见第 2 章内容。立体像对 RPC 相对误差改正的数学模型如下:

$$\begin{cases} r_n^r = \dfrac{p_1^r(X_n^r, Y_n^r, Z_n^r)}{p_2^r(X_n^l, Y_n^l, Z_n^l)} + \Delta a \\ c_n^r = \dfrac{p_3^r(X_n^r, Y_n^r, Z_n^r)}{p_4^r(X_n^r, Y_n^r, Z_n^r)} + \Delta b \\ \Delta a = a_0^r - a_0^l \\ \Delta b = b_0^r - b_0^l \end{cases} \quad (4.16)$$

首先,在立体影像的左右像之间实现分块特征匹配,由于高分辨率卫星影像特征匹配的难点之一在于像幅过大。一景卫星影像往往在 40000×40000pixel 量级甚至更大,难以直接应用传统的特征匹配算法。考虑到平差仅需要均匀分布的特征匹配点,这里采用分块匹配策略。在左影像自动选择若干个均匀分布的影像块,根据正反投影的方式,在右影像上计算对应的影像块,采用 SIFT 算子在各个影像块内进行特征匹配,从而快速获取两张影像之间均匀分布的特征匹配点；其次采用上述数学模型，根据特征匹配的结果采用最小二乘匹配求解模型参数。最后根据改正的模型参数对右像重新生成一组新的 RPC 定向参数。

4.4.2 立体像对的水平纠正方法

高分七号卫星测绘相机采用双线阵立体成像模式，前视影像倾角 26°，后视影像倾角 -5°。大的摄影倾角会造成影像的几何畸变，特别是在高大建筑物密集的城市区域尤为明显，为后续的影像处理带来不便。目前主流的匹配方法均是基于像素和灰度的整体匹配方法，立体像对之间的畸变会显著影响匹配的精度和可靠性。为了实现精确和可靠的匹配，必须消除这种畸变。这里采用第 2 章卫星影像的水平纠正方法。具体过程如下：①首先利用立体像对左右影像的 RPC 参数，统计测区的平均高程面；②根据平均高程面计算卫星影像的空间分辨率，并取两者中的高空间分辨率作为基准分辨率，然后采用基准分辨率按照基于物方投影面的纠正方法重采样两张卫星影像；③对重采样后的卫星影像立体像对重新拟合生成对应的高精度 RPC 定向参数。

4.4.3 多测度半全局匹配算法优化

经典的半全局匹配算法通过构建匹配问题的全局能量函数，考虑邻域像点视差的连续光滑性，克服重复纹理、弱纹理区域匹配困难的问题，能够高效匹配出双视立体核线影像精细可靠的逐像点视差图。经典的半全局匹配算法采用互信息作为相似性测度，能高效地获取精细的影像视差图，且在一定程度上克服了灰度线性差异对匹配造成的不良影响，但是计算互信息需要先验的视差初值。另外经典的半全局匹配算法虽然也采用影像金字塔的匹配策略，但金字塔影像上的视差结果仅用于计算更加准确的互信息，并没有用于引导视差范围的调整，整个匹配过程视差范围是固定的。故匹配算法需耗费大量的内存用于存储冗余的匹配代价和累积代价，并且浪费了计算量。文献［62］提出 tSGM 算法，通过在金字塔影像上逐层进行半全局匹配，利用本层匹配结果限制下一层匹配时的视差搜索边界，从而动态地限制每个像点的视差搜索范围。确定了本层影像的搜索边界后，将视差上下边界放大一倍作为下一层核线影像匹配时的搜索范围，然后逐层进行半全局匹配得到最终的匹配结果，这种处理可以显著提升匹配效率。tSGM 算法在顶层金字塔影像上进行半全局匹配时，初始视差搜索范围采用全视差搜索，即在金字塔顶层影像的整条核线上进行同名像点的搜索,这种方法的优点是可以适应不同高差范围的匹配,缺点是当出现重复纹理时,增加了误匹配的可能性。另外由于 tSGM 算法采用了 Census 变换作为匹配测度特征,Census 测度较多考虑相邻像点的结构相对位置信息(窗口内相对亮度差),因此适用性较强,特别是对影像辐射畸变和弱纹理有较好的鲁棒性。但缺点是对于重复纹理无法避免,容易引起匹配歧义。

针对上述问题,首先利用全球公开的 DEM 数据(SRTM),在金字塔顶层匹配时,将已有的 DEM 高程信息反算至核线影像,利用高程信息来精确约束同名点的搜索范围,这样可以有效减少重复纹理区域匹配错误的可能性。另外在匹配代价计算方面,借鉴文献[63]采用一种 AD-Census 组合测度,即 Absolute Differences (AD) 和 Census 结合的方法。综合考虑 Census 测度对影像噪声鲁棒的影响,可以更好地处理两张影像整体亮度不一致的情况,对弱纹理也有一定的鲁棒性,相对而言更能反映真实的相关性;而 AD 这类基于单像点灰度差的方法可以在一定程度上缓解重复纹理的歧义问题。考虑两种匹配测度尺度的差异,此处需要做归一化处理。归一化方法是采用一个值在[0,1]之间的自然指数函数。

$$\rho(c,\lambda) = 1 - e^{-\frac{c}{\lambda}} \tag{4.17}$$

式中:c 是代价值;λ 是控制参数。当 c、λ 都是正值时,函数的值在[0,1]之间。最终基于 AD-Census 的匹配代价计算公式如下:

$$c(p,d) = \rho(C_{\text{Census}}(p,d),\lambda_{\text{Census}}) + \rho(C_{\text{AD}}(p,d),\lambda_{\text{AD}}) \tag{4.18}$$

4.4.4 试验数据与方法

1)试验数据及覆盖区域

为了检验本节三维重建方法的效果,试验选择了两组高分七号卫星立体影像,其中:数据 1 为 2021 年 3 月覆盖宁夏某地区的一对立体影像,如图 4.18(a)、(b)所示;数据 2 为 2021 年 9 月新疆某地区的一对立体影像,如图 4.18(c)、(d)所示。两组数据影像质量均良好,几乎无云层覆盖,数据 1 高差 1500m 左右,影像覆盖区域的地表既有山区也有城镇区域,数据 2 高差 500m 左右,影像覆盖区域主要为城市区域,为本次试验提供了较好的数据基础。本节试验所选用的两组数据均包含影像数据以及对应的 RPC 定向参数文件。

本项目选用的高分七号卫星高分辨率卫星影像数据含前后视影像(图 4.18),以及附带的 RPC 文件,影像覆盖区域地物类型丰富,包含平原、城市、山区、丘陵等地形，对比分析本书所提出的方法以及 tSGM 方法的三维重建效果，测试评估两种在平原、山区、城市等区域的三维重建质量，实现高分七号卫星立体影像精细摄影测量处理的目的。重点关注处理流程中的三个关键步骤，设计了三种质量分析的测度，包括：①平差前后精度；②水平纠正结果对比；③DSM 产品质量定性评价。

(a) 宁夏某区域高分七号卫星前视影像　　(b) 宁夏某区域高分七号卫星后视影像

(c) 新疆某区域高分七号卫星前视影像　　(d) 新疆某区域高分七号卫星后视影像

图 4.18　覆盖宁夏某地和新疆某地的两组高分七号卫星立体影像

2) 试验方法

本节选用覆盖宁夏某地和新疆某地的两组高分七号卫星立体影像数据，对提出的精细摄影测量处理各步骤进行详细验证和精度对比分析。因缺少对应的 LiDAR 真值，故最终 DSM 结果依靠本节方法和经典的 tSGM 方法，结合生成的正射影像，重点针对弱纹理和重复纹理区域进行目视评价。具体实验方案如图 4.19 所示。

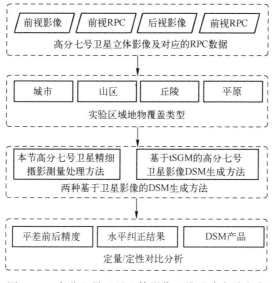

图 4.19 高分七号卫星立体影像三维重建实验方案

4.4.5 试验结果与分析

1) 高分七号卫星立体像对相对误差改正结果

按照上述实验方案,首先对所提出的高分七号卫星立体像对的相对误差改正进行实验分析。对单景立体影像的前后视影像进行基于连接点的二次定向,最后利用像点反投影误差的中误差来评价定向精度。表 4.2 给出了影像相对误差改正前的结果。由表 4.2 可以看出,相对误差改正前,行、列方向均存在子像素级的偏移。

表 4.2 相对误差改正结果

右像偏移	Δa/pixel	Δb/pixel
数据 1	0.952	0.016
数据 2	0.857	0.035

表 4.3 给出了相对误差改正后的对比结果。由表 4.3 可知,基于连接点的二次定向,能够有效提高立体像对的平差精度。

表 4.3 对误差改正精度对比结果

统 计 项	连接点数目	平差前精度/pixel	平差后精度/pixel
数据 1	9758	0.847	0.652
数据 2	8246	0.725	0.593

综合上述两个表格的统计结果进行分析：从表 4.2 定向结果来看，两个模型之间确实存在水平和垂直方向的偏移；从表 4.3 的测试结果可以看出，通过二次定向能够提高立体像对内部符合精度，其中数据 1 精度提升 23.02%，数据 2 精度提升 18.21%。

2) 基于物方投影面的水平纠正方法结果

完成相对误差改正后，利用本节基于物方投影面的水平纠正方法，对左右影像进行纠正，新生成两景水平影像。由于前视影像侧摆角度为 26°，后视为 -5°，因而两者之间几何差异显著。水平纠正后几何差异改善非常明显，两组数据水平纠正后效果接近，受篇幅所限，图 4.20 给出了数据 1 的两处局部区域纠正前后的对比结果。从图 4.20（a）和图 4.20（b）可以看出，前后视影像的差异非常明显，具体表现为分辨率差异，前视影像由于大角度侧摆，分辨率也降低，因此对应同一地面区域，前视影像块像幅也减小了。通过纠正后的图 4.20（c）和图 4.20（d）可以看出，前视与后视影像的几何形状能够大致保持相似，没有分辨率的显著差异。从图 4.20 的对比结果可以看出，水平纠正能够显著消除大倾角差异带来的几何畸变。

(a) 原始影像（数据1前视局部）

(b) 原始影像（数据1后视局部）

(c) 水平纠正影像（数据1前视局部）

(d) 水平纠正影像（数据1后视局部）

图 4.20　影像水平纠正后局部结果对比

3) 多测度分层半全局密集匹配结果

采用本书提出的方法和 tSGM 方法利用整景影像生产 DSM。对比了 tSGM

算法和本书算法的差异，整体 DSM 生成结果如图 4.21 所示。由图 4.21 可知，两种半全局匹配方法均能较好地恢复立体像对覆盖区域内的地形地貌。为了更好地定性对比两种密集匹配算法结果的细节，本书另外从整景 DSM 中选取两组不同局部区域的 DSM 数据，放大对比结果如图 4.22 所示。图 4.22（a）、(d) 为两组数据对应区域的局部正射影像，图 4.22（b）、(e) 为两组数据采用 tSGM 匹配方法得到的局部 DSM 结果，图 4.22（c）、(f) 为两组数据采用本节方法得到的局部 DSM 结果。

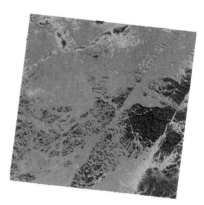

(a) tSGM 方法生成的 DSM（数据1）　　　　(b) 本节方法生成的 DSM（数据1）

(c) tSGM 方法生成的 DSM（数据2）　　　　(d) 本节方法生成的 DSM（数据2）

图 4.21　整景影像 DSM 结果对比（见彩图）

由图 4.22（b）、(c) 以及 (e)、(f) 对比来看，对于密集建筑物区域，重复纹理的特性非常明显，对匹配的影响也非常显著。与 tSGM 方法相比，本书提出的方法可以较好地抑制这种显著的匹配错误，得到的 DSM 中建筑物轮廓更为清晰精确，如图 4.22（e）、(f) 中红色椭圆形标示区域，可以非常明

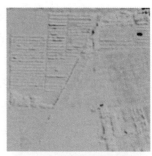

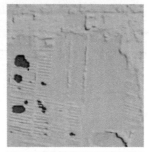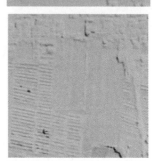

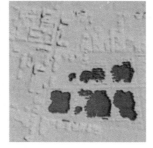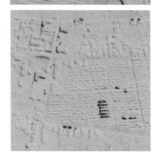

(a) 数据 1 局部放大的正射影像　　(b) tSGM 方法在该区域的结果　　(c) 本节方法该区域的结果

第4章 高分辨率光学遥感卫星影像三维重建方法

(d) 数据2局部放大的正射影像　　(e) tSGM方法在该区域的结果　　(f) 本节方法该区域的结果

图 4.22　本节方法和 tSGM 方法在两组数据局部区域的 DSM 结果对比（见彩图）

显地观察到这一改进。从图4.22（c）可以看出本节方法对于一些大的匹配粗差有着较好的抑制，但仍然有一些深蓝色的斑点区域，在这些区域重复纹理的影响依然存在，存在匹配错误问题。重复纹理的类型非常复杂，不同的纹理模式对匹配的影响不同，这是摄影测量和计算机视觉领域一直关注，但至今没有很好解决的问题。本节所提出的精细摄影测量处理方法对于密集建筑物区域重复纹理问题的解决取得了初步的效果。

4）结论

本节针对高分七号卫星立体影像定向模型中存在的相对误差，利用影像间连接点几何约束关系对有理函数模型进行了二次定向消除系统误差；其次采用一种基于物方投影面的水平纠正方法对原始影像进行纠正，消除了立体像对之间大倾斜误差差异，为后续的影像匹配提供了比较好的数据基础；最后在密集匹配阶段，将外部 DEM 数据作为视差约束，同时引入顾及影像灰度和特征信息的 AD-Census 作为匹配测度，削弱了重复纹理引起的匹配错误问题，提升了 DSM 的生成效果。利用高分七号卫星的立体影像进行了试验，结果表明本节所提出的精细摄影测量处理方法对高分辨率卫星影像的三维重建具有较好的效果。本节所提出的方法将相对误差精度由平差前的 0.847pixel 和 0.725pixel 分别提升到平差后的 0.652pixel 和 0.593pixel，相对误差精度最

· 147 ·

大可提高23.02%,基于物方投影面的水平纠正方法能够显著消除大倾角差异带来的几何畸变,对高分七号卫星影像取得了较好质量的DSM产品,尤其是对于小尺度密集建筑物区域的重复纹理取得了较好的效果。本书所提出的方法相较于目前行业常用的tSGM方法能够生成质量更好且匹配完整度更高的DSM产品,为充分合理利用高分七号卫星立体测绘卫星影像进行全球测图等应用提供了方法参考。如何更好地消除大区域重复纹理问题对匹配的影响,是后续工作进一步研究的重点。

参考文献

[1] ZBONTAR J, CUN Y L. Stereo matching by training a convolutional neural network to compare Image Patches [J]. The Journal of Matching Learning Research, 2016, 17: 1-32.

[2] SEKI A, POLLEFEYS M. SGM-nets: semi-global matching with neural networks [C]// IEEE Conference on Computer Vision and Pattern Recognition (CVPR). Hawaii, USA, Piscataway, NJ: IEEE, 2017.

[3] MAYER N, ILG E, HAUSSER P, et al. A large dataset to train convolutional networks for disparity, optical flow, and scene flow estimation [C]//IEEE conference on computer vision and Pattern Recognition (CVPR), Las Vegas, USA, Piscataway. NJ: IEEE, 2016.

[4] KENDALL A, MARTIROSYAN H, DASGUPTA S, et al. End-to-end learning of geometry and context for deep stereo Regression [C]//IEEE Conference on Computer Vision and Pattern Recognition, 2017.

[5] CHANG J R, CHEN Y S. Pyramid stereo matching network [C]//IEEE Conference on Computer Vision and Pattern Recognition, 2018.

[6] SCHMULLER H. Stereo processing by semi-global matching and mutual information [J]. IEEE Transactions on Pattern Analysis and Machine Intelligence, 2008, 30 (2): 328-341.

[7] BIRCHIELD S, TOMASI C. Depth discontinuities by pixel-to-pixel stereo [C]// Proceedings of the Sixth IEEE International Conference on Computer Vision, 1998: 1073-1080.

[8] 张力,张继贤. 基于多基线影像匹配的高分辨率遥感影像DEM的自动生成 [J]. 武汉大学学报(信息科学版),2008,33(9):35-39.

[9] 纪松,范大昭,戴晨光,刘航冶. 线阵影像GC3多视匹配及其扩展模型研究 [J]. 测绘科学技术学报,2009,26(6):430-433.

[10] 范大昭. 多线阵影像匹配生成DSM的理论与算法 [D]. 郑州:信息工程大学测绘学

院, 2007.

[11] 纪松. 多视匹配策略与优化方法研究 [D]. 郑州：信息工程大学测绘学院, 2012.

[12] 巩丹超, 韩轶龙, 黄旭, 线特征约束的建筑物密集匹配边缘全局优化方法 [J]. 测绘学报, 2021, 50 (6): 833-846.

[13] HUANG X, ZHANG Y, YUE Z. Image-guided non-local dense matching with three-steps optimization [J]. ISPRS Annals of Photogrammetry, Remote Sensing & Spatial Information Sciences, 2016, 3 (3): 67-74.

[14] 张祖勋, 朱俊锋, 胡翔云. 可量测影像高程同步模型及其在测图中的应用 [J]. 测绘学报, 2014, 43 (1): 5-12.

[15] 唐新明, 王鸿燕, 祝小勇. 资源三号卫星测绘技术与应用 [J]. 测绘学报, 2017, 46 (10): 1482-1491.

[16] 杨幸彬, 吕京国, 江珊, 等. 高分辨率遥感影像 DSM 的改进半全局匹配生成方法 [J]. 测绘学报, 2018, 47 (10): 1372-1384.

[17] ZHANG Y. Smart Photogrammetric and remote sensing image processing for very high resolution optical images: examples from the CRC-AGIP lab. at UNB [J]. The Journal of Geodesy and Geoinformation Science, 2019, 2 (2): 17-26.

[18] ZHANG Y, XIONG X, WANG M, LU Y. A fast aerial image matching method using airborne LIDAR point cloud and POS data [J]. The Journal of Geodesy and Geoinformation Science, 2019, 2 (1): 26-36.

[19] HIRSCHMULLER H. Stereo processing by semiglobal matching and mutual information [J]. IEEE Transactions on Pattern Analysis and Machine Intelligence, 2008, 30 (2): 328-41.

[20] HIRSCHMULLER H. Accurate and efficient stereo processing by semi-global matching and mutual information [C]//IEEE Computer Society Conference on Computer Vision and Pattern Recognition, San Diego, CA, USA, 2005.

[21] ZABIH R, WOODFILL J. Non-parametric local transforms for computing visual correspondence [C]//European conference on computer vision, Berlin, Heidelberg, 1994: 151-158.

[22] ZBONTAR J, LECUN Y. Stereo matching by training a convolutional neural network to compare image patches [J]. Journal of Machine Learning Research, 2016, 17 (1-32): 2.

[23] SCHONBERGER J L, SINHA S N, POLLEFEYS M. Learning to fuse proposals from multiple scanline optimizations in semi-global Matching [C]//Proceedings of the European Conference on Computer Vision (ECCV), Munich, Germany, 2018: 739-755.

[24] MEI X, SUN X, ZHOU M, et al. On building an accurate stereo matching system on graphics hardware [C]//proceedings of the 2011 IEEE International Conference on Computer Vision Workshops (ICCV Workshops), Barcelona, Spain, 2011: 467-474.

［25］PARK H, LEE K M. Look wider to match image patches with convolutional neural networks ［J］. IEEE Signal Processing Letters, 2017, 24 (12): 1788-1792.

［26］KIM K R, KIM C S. Adaptive smoothness constraints for efficient stereo matching using texture and edge information ［C］//2016 IEEE International Conference on Image Processing (ICIP), Phoenix, AZ, USA, 2016: 3429-3433.

［27］LI H, ZHANG X G, SUN Z. A line-based adaptive-weight matching algorithm using loopy belief propagation ［J］. Mathematical Problems in Engineering, 2015, 2015 (PT.7): 1-13.

［28］YANG Q. Stereo matching using tree filtering ［J］. IEEE Transactions on Pattern Analysis and Machine Intelligence, 2015, 37 (4): 834-846.

［29］MA W, WANG S, HU R, et al. Deep rigid instance scene flow ［C］//2019 IEEE/CVF Conference on Computer Vision and Pattern Recognition (CVPR), Long Beach, CA, USA, 2019: 3609-3617.

［30］LEONARDIS A, BISCHOF H, PINZ A. A fast approximation of the bilateral filter using a signal processing approach ［J］. International Journal of Computer Vision, 2009, 81: 24-52.

［31］GASTAL E, OLIVERIRA M. Domain transform for edge-aware image and video processing ［J］. Acm Transactions on Graphics, 2011, 30 (4): 1-12.

［32］HONG G S, PARK J K, KIM B G. Near real-time local stereo matching algorithm based on fast guided image filtering ［C］//2016 6th European Workshop on Visual Information Processing (EUVIP), Marseille, France, 2016: 1-5.

［33］TOMASI C, MANDUCHI R. Bilateral filtering for gray and color images ［C］//Proceedings of the Sixth International Conference on Computer Vision, Bombay, India, 1998: 839-846.

［34］HE K, SUN J, TANG X. Guided image filtering ［J］. IEEE Transactions on Pattern Analysis and Machine Intelligence, 2013, 35 (6): 1397-409.

［35］YANG Q, AHUJA N, TAN K H. Constant time median and bilateral filtering ［J］. International Journal of Computer Vision, 2015, 112 (3): 307-318.

［36］MA Z, HE K, WEI Y, et al. Constant time weighted median filtering for stereo matching and beyond ［C］//2013 IEEE International Conference on Computer Vision, Sydney, NSW, Australia, 2013: 49-56.

［37］JONATHAN T B, BEN P. The fast bilateral solver ［C］//2016 European Conference on Computer Vision, Amsterdam, the Netherlands, 2016: 617-632.

［38］BAPAT A, FRAHM J M. The domain transform solver ［C］//2019 IEEE/CVF Conference on Computer Vision and Pattern Recognition (CVPR), Long Beach, CA, USA, 2019: 6014-6023.

[39] QIN R, CHEN M, HUANG X, HU K. Disparity refinement in depth discontinuity using robustly matched straight lines for digital surface model generation [J]. IEEE Journal of Selected Topics in Applied Earth Observations and Remote Sensing, 2018, 12(1): 174-185.

[40] LU X, QIN R, HUANG X. Using orthophoto for building boundary sharpening in the digital surface model [C]//2019 Annual Conference of ASPRS, Denver, USA, 2019.

[41] JIAO J, WANG R, WANG W, et al. Color image-guided boundary-inconsistent region refinement for stereo matching [J]. IEEE Transactions on Circuits and Systems for Video Technology, 27(5): 1155-1159.

[42] ZHANG L, KOCH R. An efficient and robust line segment matching approach based on LBD descriptor and pairwise geometric consistency [J]. Journal of Visual Communication and Image Representation, 2013, 24(7): 794-805.

[43] SCHARSTEIN D, SZELISKI R. A taxonomy and evaluation of dense two-frame stereo correspondence algorithms [J]. International Journal of Computer Vision, 2002, 47(1-3): 7-42.

[44] XIA Y, TIAN J, D'ANGELO P, et al. Dense matching comparison between census and a convolutional neural network algorithm for plant reconstruction [J]. ISPRS Annals of the Photogrammetry, Remote Sensing and Spatial Information Sciences, 2018, 4(2): 303-309.

[45] PARIS S, KORNPROBST P, TUMBLIN J, et al. Bilateral filtering: theory and applications [M]. Boston: Now Publishers Inc., 2009.

[46] BOYKOV Y, VEKSLER O, ZABIH R. Fast approximate energy minimization via graph cuts [J]. IEEE Transactions on Pattern Analysis and Machine Intelligence, 2001, 23(11): 1222-1239.

[47] MOZEROV M G, VAN DE WEIJER J. Accurate stereo matching by two-step energy minimization [J]. IEEE Transactions on Image Processing, 2015, 24(3): 1153-1163.

[48] 巩丹超. 高分七号卫星立体影像精细三维重建方法研究 [J]. 光学精密工程, 2023, 31(14): 2147-2156.

[49] 唐新明, 谢俊峰, 莫凡, 等. 高分七号卫星双波束激光测高仪在轨几何检校与试验验证 [J]. 测绘学报, 2021, 50(3): 384-395.

[50] 李国元, 唐新明, 周晓青. 高分七号卫星激光测高仪无场几何定标法 [J]. 测绘学报, 2022, 51(3): 401-412.

[51] FRASER C, HANLEY H B. Bias compensation in rational functions for Ikonos satellite imagery [J]. Photogramm. Eng. Remote Sens., 2003, 69(1): 53-58.

[52] FRASER, C, HANLEY HB. Bias-compensated RPCs for sensor orientation of high-resolu-

tion satellite imagery [J]. Photogramm. Eng. Remote Sens., 2005, 71 (8): 909-915.

[53] FRASER C S, DIAL G, GRODECKI J. Sensor orientation via RPCs [J]. Photogrammetry and Remote Sensing, 2006, 60: 182-194.

[54] GRODECKI J, DIAL G. Block adjustment of high-resolution satellite images described by rational polynomials [J]. Photogramm. Eng. & Remote Sensing, 2003, 69 (1): 59-68.

[55] NOH M J, HOWAT I M, Automatic relative RPC image model bias compensation through hierarchical image matching for improving DEM quality [J]. ISPRS Journal of Photogrammetry and Remote Sensing, 2018, 136 (3), 120-133.

[56] TONG X, LIU S, WENG Q. Bias-corrected rational polynomial coefficients for high accuracy geo-positioning of QuickBird stereo imagery [J]. ISPRS Journal of Photogrammetry and Remote Sensing, 2010, 65: 218-226.

[57] KIM T. A Study on the epipolarity of line pushbroom images [J]. Photogrammetric Engineering and Remote Sensing, 2000, 66 (8): 961-966

[58] HABIB AF, MORGAN M, JEONG S, et al. Analysis of epipolar geometry in linear array scanner scenes [J]. The Photogrammetric Record, 2005, 20 (109): 27-47.

[59] MORGAN M, KIM KO, et al. Epipolar Resampling of space-borne linear array scanner scenes using parallel projection [J]. Photogrammetric Engineering &Remote Sensing, 2006, 72 (11): 1255-1263.

[60] 张永生, 巩丹超, 刘军. 高分辨率遥感卫星应用: 成像模型、处理算法及应用技术 [M]. 北京: 科学出版社, 2004: 38-41.

[61] 胡芬, 王密, 李德仁, 等. 基于投影基准面的线阵推扫式卫星立体像对近似核线影像生成方法 [J]. 测绘学报, 2009, 38 (5): 428-436.

[62] ROTHERMELM R, WENZELK, FRITSCH D, et al. Sure: photogrammetric surface reconstruction from imagery [C]//Proceedings of LC3D Workshop, Berlin, 2012.

[63] ZHANG K, LU J, LAFRUIT G. Cross-based local stereo matching using orthogonal integral images [J]. IEEE Transactions on Circuits and Systems for Video Technology, 2009, 19 (7): 1073-1079.

第 5 章　多源 DSM 配准与融合

5.1 引　　言

　　光学遥感卫星影像的分辨率从米级进入亚米级，影像的信息量和判读能力都得到了显著增强，为全球范围的大场景精细三维重建提供了良好的数据基础。在亚米级卫星影像上，大部分地物的信息都得到了充分的再现，利用米级卫星影像主要生产数字高程模型（Digital Elevation Model，DEM）数据，而利用亚米级卫星影像则可以生产数字表面模型（Digital Surface Model，DSM）数据。DEM 是通过有限的地形高程数据实现对地面地形的数字化描述，它是用一组有序数值阵列形式表示地面高程的一种实体地面模型。作为传统基础地理信息产品中的一种重要数据类型，在数字城市建设、基础测绘实施和灾后应急救援等方面工作发挥着重要的作用。DSM 是包含了地表建筑物、桥梁、树木等高度的地面高程模型。而 DEM 只包含了地形的高程信息。DSM 是在 DEM 的基础上，进一步涵盖了除地面以外的其他地表信息的高程。同 DEM 相比，DSM 表达了真实地表的起伏情况，对自然地貌的描述更为精细，同时还可以恢复人工构筑物的轮廓甚至精细三维模型，比 DEM 包含了更多的信息，已经成为新型基础地理信息产品的首选产品。利用 DEM 可以对高分辨率影像进行纠正生产数字正射影像（Digital Orthophoto Map，DOM），DOM 是同时具有地图几何精度和影像特征的图像，而利用 DSM 则可以生产真正射影像（True Digital Orthophoto Map，TDOM）。与 DOM 相比，TDOM 是对地形、建筑物等要素在没有投影差、建筑物间无遮挡情况下的正射影像图，具有全面展现地物要素、量测性能更好、信息量更丰富等特点。目前 DSM/TDOM 这两类产品已经成为测绘生产的重点产品，也为后续的地物单体化提供了非常重要的数据基础。但这两类产品的生产对遥感数据处理能力也提出了更高的需求:DSM 要求地物的重建完整而且精细,这样生产的 TDOM 才能实现无残余投影差、无遮挡。随着高分辨率卫星遥感数据的获取能力的提升,通过密集匹配获取的大范围 DSM 已经成为其主要的生产方式。由于 DSM 包含更多、更丰富表现地物的细节,因此对匹配技术提出了新的更高的要求。现有的影像匹配技术尚无法实现高精度 DSM 的全自动生产,实际生产中标准 DSM 产品必须经过人工编辑才能满足后续的应用要求。如何实现高质量完整的 DSM 快速自动化生产,最大限度减少人工干预的程度,是当前实际生产应用中面临的迫切问题。

5.2 多源 DSM 配准[1]

高精度 DSM 获取是遥感数据处理的主要内容。利用光学立体遥感影像通过匹配和滤波获取 DSM 是高效快捷的生成方法,也是目前主流的生成方法。但光学遥感影像通常受光照条件的影响,特别是卫星影像容易受到云的影响。以天绘一号为例,据统计,国内数据云量占 30%以上的图像大约有 60%,另外云量小于 30%的都被认为是有效影像,可以直接用于立体匹配再生成 DSM。云对立体匹配的直接影响是产生漏洞,生成出来的 DSM 不完整,因而影响后续的应用。单一数据源提取的 DSM 由于遮挡、阴影、纹理稀少等原因造成 DSM 数据不完整。如何生成完整的 DSM,最佳的技术途径是融合两种不同来源或不同时相的 DSM 数据。由于两种来源的数据,其空间基准、产品精度和产品规格可能不一致,若直接根据其地理参考信息进行修补,可能会造成接边处较大误差,从而引起"台阶"现象。因此在修补之前必须对两种 DSM 进行几何配准,通过配准使得两种数据具有相同的空间基准,配准完成后对漏洞区域根据几何关系用已有 DSM 转换采样进行修补。

目前三维空间如 DSM 和点云的配准,主要有两类方法:一类是 ICP(Iterative Closest Point,迭代最临近点)方法;另一类是 LZD 方法(Least Z-Difference,最小高差算)。两者之间的本质区别在于对应关系的建立准则不同:ICP 方法由 Besl 和 Mckay1992 年首先提出[2],原理是首先将两个自由表面上距离最近的点作为对应点,然后以对应点之间的距离平方和最小为原则建立目标方程,根据最小二乘原理迭代求解转换参数;LZD 方法是由 Rosenholm 和 Torlegard 于 1988 年针对摄影测量领域绝对定向问题而提出的一种表面匹配算法[3],该方法首先以两个表面上的平面坐标相同的点为对应点(如果不存在对应点就内插一个临时点),然后利用对应点之间的 z 坐标差(在 DSM 表面上就是高差)的平方和最小为原则来建立目标方程,最后根据最小二乘原理求解转换参数向量,这组参数能够拉近两个表面。反复迭代上述过程,就可以正确完成配准。研究表明[4-6],这两种方法各有特点,其中 ICP 方法适合离散点云的配准,LZD 方法适合以规则格网 DSM 形式表述的地形表面。

5.2.1 配准模型

LZD 方法采用一种空间相似变换的模型,包含 7 个未知转换参数:3 个旋转参数、3 个平移参数和 1 个缩放系数。依据规则格网 DSM 的数据组织形式,假设两个待匹配表面分别为 $Z=F(X,Y)$(标准模型)与 $Z'=f(x,y)$(待匹配模型),两个表面对应的点可表示为 $\boldsymbol{P}=[X,Y,Z]^{\mathrm{T}}$ 与 $\boldsymbol{P}'=[x,y,z]^{\mathrm{T}}$,对应的数学关系转换式为

$$\boldsymbol{P}=\boldsymbol{T}+S\cdot\boldsymbol{R}\cdot\boldsymbol{P}' \tag{5.1}$$

式中:$\boldsymbol{T}=[T_x,T_y,T_z]^{\mathrm{T}}$ 为 $\boldsymbol{P}'$ 沿 X 轴、Y 轴、Z 轴相对 $\boldsymbol{P}$ 的平移参数;S 为比例缩放参数;$\boldsymbol{R}=[R_x,R_y,R_z]^{\mathrm{T}}$ 为 $\boldsymbol{P}'$ 沿 X 轴、Y 轴、Z 轴的旋转参数,其旋转矩阵的构成如下:

$$\boldsymbol{R}=\begin{bmatrix} r_{11} & r_{12} & r_{13} \\ r_{21} & r_{22} & r_{23} \\ r_{31} & r_{32} & r_{33} \end{bmatrix}$$

令 $R_x=\omega$,$R_y=\varphi$,$R_z=\kappa$,则对应的旋转矩阵为

$$\begin{cases} r_{11}=\cos\varphi\cdot\cos\kappa \\ r_{12}=\cos\varphi\cdot\sin\kappa \\ r_{13}=\sin\varphi \\ r_{21}=\cos\omega\cdot\sin\kappa+\sin\omega\cdot\sin\varphi\cdot\cos\kappa \\ r_{22}=\cos\omega\cdot\cos\kappa-\sin\omega\cdot\sin\varphi\cdot\sin\kappa \\ r_{23}=-\sin\omega\cdot\cos\varphi \\ r_{31}=\sin\omega\cdot\sin\kappa-\cos\omega\cdot\sin\varphi\cdot\cos\kappa \\ r_{32}=\sin\omega\cdot\cos\kappa+\cos\omega\cdot\sin\varphi\cdot\sin\kappa \\ r_{33}=\cos\omega\cdot\cos\varphi \end{cases}$$

在 $\omega=0,\varphi=0,\kappa=0,S=1$ 处,对上式按泰勒级数展开并略去二次以上高次项,则有

$$\begin{bmatrix} X \\ Y \\ Z \end{bmatrix} + \begin{bmatrix} \Delta X \\ \Delta Y \\ \Delta Z \end{bmatrix} = \begin{bmatrix} T_{x0} \\ T_{y0} \\ T_{z0} \end{bmatrix} + S\boldsymbol{R} \begin{bmatrix} x \\ y \\ z \end{bmatrix} + \begin{bmatrix} \Delta T_x \\ \Delta T_y \\ \Delta T_z \end{bmatrix} + \begin{bmatrix} \Delta S & -\Delta \kappa & \Delta \varphi \\ \Delta \kappa & \Delta S & -\Delta \omega \\ -\Delta \varphi & \Delta \omega & \Delta S \end{bmatrix} \begin{bmatrix} x \\ y \\ z \end{bmatrix} \quad (5.2)$$

建立对应点时，可取

$$\begin{bmatrix} X \\ Y \\ Z \end{bmatrix} = \begin{bmatrix} T_{x0} \\ T_{y0} \\ T_{z0} \end{bmatrix} + S\boldsymbol{R} \begin{bmatrix} x \\ y \\ z \end{bmatrix} \quad (5.3)$$

由式（5.2）和式（5.3）可得

$$\begin{cases} \Delta X = \Delta T_x + x \cdot \Delta S - y \cdot \Delta \kappa + z \cdot \Delta \varphi \\ \Delta Y = \Delta T_y + x \cdot \Delta \kappa + y \cdot \Delta S - z \cdot \Delta \omega \\ \Delta Z = \Delta T_z - x \cdot \Delta \varphi + y \cdot \Delta \omega + z \cdot \Delta S \end{cases} \quad (5.4)$$

在规则格网 DSM 模型中 $Z = F(X, Y)$，ΔZ 可由下述一阶偏导数表示：

$$\Delta Z = \frac{\mathrm{d}f}{\mathrm{d}x} \Delta X + \frac{\mathrm{d}f}{\mathrm{d}y} \Delta Y \quad (5.5)$$

结合式（5.4）和式（5.5）得到最终误差方程：

$$\mathrm{d}Z = \Delta T_z - x \cdot \Delta \varphi + y \cdot \Delta \omega + z \cdot \Delta S - \frac{\mathrm{d}f}{\mathrm{d}x}(\Delta T_x + x \cdot \Delta S - y \cdot \Delta \kappa + z \cdot \Delta \varphi) - $$

$$\frac{\mathrm{d}f}{\mathrm{d}y}(\Delta T_y + x \cdot \Delta \kappa + y \cdot \Delta S - z \cdot \Delta \omega) \quad (5.6)$$

根据上述误差方程，按照最小二乘原理求解，由于整个方程是关于转换参数的非线性方程，因此需要迭代求解。式（5.6）中的 x 方向和 y 方向的一阶偏导可用下式来求近似值，其中 d 为格网间距。

$$\frac{\mathrm{d}f}{\mathrm{d}x} = \frac{(Z_{i+1,j} - Z_{i-1,j})}{2d}$$

$$\frac{\mathrm{d}f}{\mathrm{d}y} = \frac{(Z_{i,j+1} - Z_{i,j-1})}{2d}$$

5.2.2 试验结果

1）试验数据

融合数据采用两种数据源，数据一为天绘一号的三线阵立体影像通过自动匹配和自动滤波生成的 DSM，具体影像如图 5.1 所示，成像时间为 2010 年 10 月，覆盖区域为新疆某地区，地形高差约 5000m，覆盖区有积雪，另外有遮挡现象。生成的 DSM 数据（25m 格网间距，有部分漏洞）如图 5.2 所示，数据二采用对应区域的全球 SRTM 数据（90m 格网间距）如图 5.3 所示。

图 5.1　天绘一号卫星影像三线阵影像（见彩图）

图 5.2　根据三线阵影像匹配生成的 DSM（见彩图）　　图 5.3　对应区域的 SRTM 数据（见彩图）

2）试验过程

（1）数据准备。

由于立体匹配生成的 DSM 采用的高程系统是大地高，而 SRTM 数据采用是正常高，因此首先需要将对应的 SRTM 数据改正到大地高，具体采用 EGM2008 模型逐点改正。然后从数据一 DSM 中选择均匀的若干点作为控制点数据，这些点的选择应该避开漏洞区。

（2）迭代求解。

对每一个控制点，根据式（5.6）列出一个误差方程，然后法化求解。变换矩阵 7 个参数初始值为无旋转、无平移、无缩放。在匹配过程中，迭代终止条件由各参数迭代值的大小来判定，即 7 个转换参数的阈值设置。配准迭代的参数阈值设置如表5.1所列。

表 5.1 参数阈值设置

参数名称	旋转参数			缩放参数	平移参数		
	dR_x/rad	dR_y/rad	dR_z/rad	dS/m	dX_s/m	dY_s/m	dZ_s/m
阈值	2×10^{-6}	2×10^{-6}	2×10^{-6}	2×10^{-6}	0.1	0.1	0.1

（3）融合处理。

用迭代求解出的转换模型对数据一的DSM进行变换（纠正），通过平面坐标关系对转换后数据一的每一点查找数据二的DSM的坐标关系，找出对应的同一点，将其高程值赋给转换前的数据一的DSM数据。

3）试验结果

利用上述数据进行试验，模型求解的迭代次数为3，求解的模型参数如表5.2所列。为了定性对比配准融合的结果，图5.4给出了直接融合的结果，图5.5给出了配准融合的结果。从融合的结果可以看出，直接融合的结果在漏洞的边缘处有明显的台阶现象（图5.4（b）中黑色矩形区域），为了定量对比直接融合与配准融合的精度差异，从数据一的DSM中随机选择15个点（非漏洞区域）作为检查点，统计了这些点在直接融合和配准融合后与数据一的DSM之间的高差对比结果，具体如图5.6所示。

表 5.2 模型参数

参数名称	旋转参数			缩放参数	平移参数		
	R_x/rad	R_y/rad	R_z/rad	S	X_s/m	Y_s/m	Z_s/m
参数值	1.106×10^{-7}	-2.826×10^{-7}	9.796×10^{-9}	1	0.015	-0.004	-25.454

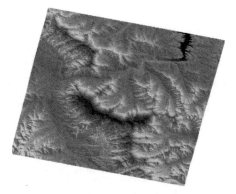
(a) 整景数据

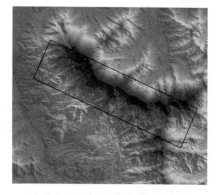
(b) 局部放大数据

图 5.4 直接修补的结果（见彩图）

第 5 章 多源 DSM 配准与融合

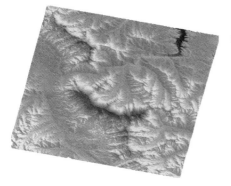

(a) 整景数据

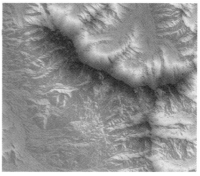

(b) 局部放大数据

图 5.5 配准后修补的结果（见彩图）

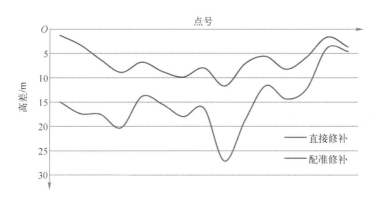

图 5.6 直接修补与配准修补后高差对比图（见彩图）

5.2.3 分析结论

从表 5.2 可以看出，两种数据有明显的系统误差且主要体现在高程方向的整体平移上。从图 5.6 可以看出，配准融合的 DSM 结果精度明显优于直接融合的 DSM 结果精度。尽管高差有减小的趋势，但是漏洞区的两种数据高差全是负值，表明经过配准后，仍然存在一定的系统误差。分析原因主要两个方面：一是两种数据规格差异，文中的基准 DSM 数据是 25m 格网，而待配准的 SRTM 数据则是 90m 格网，这种差异可能会影响 LZD 方法的拉入范围；二是两种数据的时相差异，不同的时相可能会影响两种数据对实地地形起伏的拟合。通常融合后 DSM 精度主要受原始基准 DSM 和待配准 DSM 精度影响。由于处理过程中采用了配准的方式，以高差最小作为平差迭代的收敛条件，因此理论上最终精度是受原始基准DSM绝对精度和待配准DSM相对精度的综合影响。作为光学测绘卫星，天绘一号卫星受光照条件影响是不可避免的。而对于微波测绘卫星如天绘二号，可以实现全天候和全天时数据获取，但是因侧视造成的透视收缩和顶底位移等问题也会造成DSM漏洞。利用这种方法可以实现两种途径DSM数据融合获取，实现完整DSM的高效获取。

5.3 多源DSM融合

前文的配准方法，解决了不同源DSM之间的精度不一致问题。实际上不同源DSM之间除了精度的差异，单点的高程信息也可能带有一定的粗差，并且同一区域逐点的高程粗差之间也可能带有一定的相关性。对于同源的DSM，如每个立体像对所生产的DSM之间，经常也存在一些精度差异，对于这种误差可以采用卫星影像区域网平差技术，解决不同DSM之间精度不一致问题。同源DSM与异源DSM一样也存在单点高程信息的粗差问题，另外同一区域的高程粗差之间也可能带有一定的相关性。在顾及DSM数据的精度和尺度之间差异的同时，如何消除多源DSM数据中高程的粗差，通过多源数据进行融合处理是最佳的技术途径，重点需要考虑多源多尺度DSM数据集的互补特性和差异性，构建相应的模型来达到融合的目的。通过融合处理可以解决常见的噪声、空洞、分辨率采样及地形差异等问题，获得高质量的DSM数据[7-11]。针对DSM是否同源，需要采用不同的DSM融合策略。

5.3.1 同源DSM融合

传统同源DSM之间融合时，往往采用基于单点的中值滤波策略即计算相同位置下出现的三维点数目，取这些三维点高程的中值，作为融合结果。传统方法简单有效，但是由于没考虑周围点的信息，导致融合后模型表面仍然存在一些噪声，特别是在建筑物边缘部分出现明显的粗差，且在一些困难区域，有效三维点较少，造成融合结果不精确。为了解决上述问题，重点实现建筑物边缘的高精度重建，本书引入周围辐射信息相似点的高程参与融合，采用一种基于局部辐射信息一致性的DSM融合方法。该方法主要过程如下：①以当前DSM格网融合位置为中心，开辟一个局部窗口；②在每一层DSM和DOM中，检查与中心像点灰度或颜色相近的三维点，以灰度或色彩差异和中心像点的距离融合加权；③对中心像点附近所有 DSM 层对应像点的高程，根据权值优化排序，最后取中值作为最终融合的高程结果。与传统基于单点的融合策略不同的是，在融合过程中，本节的融合策略考虑了每个点周围的辐射信息，能够在融合过程中加入更多物方信息，特别适合大量逐像点匹配得到的高精度 DSM 数据，从而有效剔除粗差，融合结果精度更高，能够充分实现对地物细节的精细描述。

5.3.2 异源 DSM 融合

同源 DSM 的融合旨在利用冗余信息消除高程中的粗差，异源 DSM 融合考虑异源数据的差异性和互补性，不仅可以利用冗余信息消除高程中的粗差，而且可以实现空洞的填充，从而有效提升 DSM 数据的完整性。不同卫星数据的分辨率差异比较大，如国产高景卫星的地面分辨率为 0.5m，而国产天绘一号卫星的分辨率为 5m，有 10 倍的差距，从而导致异源 DSM 之间分辨率差异会比较大。异源 DSM 之间存在的分辨率等差异，对高精度配准和融合带来了一些困难。在 5.2 节试验发现，如果两种数据的分辨率差异过大，很难实现高精度的几何配准，即使配准过程能够收敛，融合结果中仍存在一定几何差异。考虑这种差异，本节采用了一种基于小波变换的异源 DSM 配准与融合方案。具体过程如下：①采用小波变换处理技术对高分辨率 DSM 分别进行低通滤波和高通滤波，生产低频 DSM 和高频 DSM。低频 DSM 分辨率较低，主要保存 DSM 轮廓信息；而高频 DSM 主要保存 DSM 细节信息。②将低频 DSM 和另一个低分辨率 DSM 进行配准融合，从而消除点云中的较大粗差；由于低频 DSM 和原始低分辨率 DSM 之间的分辨率较为接近，因此很容易实现高精度配准融合，消除 DSM 中的较大粗差。③以融合后的低分辨率 DSM 作为基准，将所有高频 DSM 加权融合到基准 DSM，从而恢复 DSM 的细节信息，实现异源数字表面模型的高精度配准和融合。

5.3.3 试验结果与分析

1) 同源 DSM 之间的高精度融合

采用国内某地区 Pleiades 卫星三视影像，分别生产三组 DSM 产品，然后采用本项目的融合算法，对这三组 DSM 产品进行多视融合，对比效果如图 5.7 所示。从图中可以看出，融合后的效果更好，模型表面更加平滑，模型完整度也得到改善。

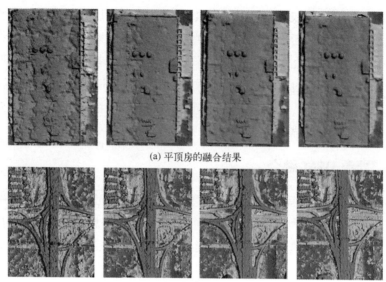

(a) 平顶房的融合结果

(b) 立交桥的融合结果

图 5.7 融合前后对比结果（见彩图）

2）异源 DSM 融合结果

这里的试验数据仍采用 5.2 节的内容，利用国内某地区天绘一号卫星立体匹配的 DSM 数据与 SRTM 数据进行融合试验。图 5.8（a）为 5.2 节直接融合的结果，图 5.8（b）为配准并融合的结果。

(a) 直接融合结果　　　　　　　　　　　　(b) 配准融合结果

图 5.8　异源 DSM 融合对比结果（见彩图）

由图 5.8 可以看出，本项目算法不仅可以通过低分辨率 SRTM 底图有效消除云雾等误匹配点，而且能够保持高分辨率细节，从而提高整个 DSM 的质量。在有密集匹配 DSM 情况下，能够尽量保持地物细节，在无密集匹配 DSM 情况下，则无缝融合 SRTM。

5.4 CPU-GPU 协同的前方交会[12]

目前，摄影测量已进入信息化时代，密集点云是摄影测量信息化发展的重要标志之一。一方面大重叠度的遥感影像为生成可靠的密集点云提供了基础，另一方面摄影测量处理技术的提高，使从影像生成的点云一定程度上甚至优于 LIDAR 技术获取的点云[13]。无论在国内还是国际、摄影测量领域还是计算机视觉领域，由影像通过密集匹配生成点云的技术已经得到广泛应用。虽然，高密度的点云使得遥感影像三维重建更加准确和细致，但同时也带来了数据量呈几何级数的增长，导致三维重建处理速度变慢，效率急剧降低。关于密集点云的二维和三维处理，已经成为遥感数据处理过程中计算最密集、耗时最长的步骤之一。对于高分辨率、大幅宽、大区域的光学卫星遥感影像进行点云的处理，已经成为卫星遥感数据快速处理应用的瓶颈。针对这一问题，近年来基于图形处理器（GPU）的影像并行处理技术备受关注。关于 GPU 在数字摄影测量影像处理领域的应用，国内外很多学者也进行了许多有益的探索和研究，目前部分商业遥感数据处理软件如 GXL、街景工厂已经具有 GPU 数据处理模块。如何将密集点云的相关处理算法合理地映射应用到 GPU 框架下，并针对不同处理步骤及其特点进行优化，是提高遥感数据处理效率的关键环节。本书针对密集匹配完成后由二维重建三维的环节，探讨基于 CPU-GPU 协同处理的密集点云前方交会方法，以充分利用 CPU-GPU 协同处理架构的计算性能，提升密集点云三维重建的效率。

5.4.1 CPU 和 GPU 协同处理原理

GPU（Graphic Processing Unit），是一种处理图像运算工作的微处理器。如今，随着显卡的发展，GPU 越来越强大，已经不再局限于一些游戏图像、3D 图形处理，甚至在一些计算上已经超越了 CPU。2007 年 NVIDIA 公司推出统一计算架构 CUDA，使得显卡可以用于除图像计算以外的其他方面。CUDA 架构将 GPU 看作一个并行计算设备，对所进行的计算进行分配和管理，包含了 GPU 并行计算引擎以及 CUDA 指令集，使得 GPU 能够进行复杂问题的计算，并且可以使用 C 语言来为 CUDA 架构编写程序。

CPU-GPU 协同处理是指将 CPU 和 GPU 两种不同架构的处理器集成在一起，组成硬件上的协同模式，在应用程序编写过程中，实现 CPU 和 GPU 的协同配合[14-16]。CPU 负责执行顺序型代码，包括数据传输、初始化和启动 GPU，执行并行程度不高、计算量不大的程序；而 GPU 作为超大规模数据协处理器，接受 CPU 的调度，负责密集型的并行计算，执行计算量大、并行程度高、可以被高度线程化的程序。CPU 和 GPU 各司其职、相互协作，才能高效快速地完成整个数据处理任务。

5.4.2 基于 RFM 的前方交会原理

前方交会是根据立体影像的同名像点坐标和定向参数计算地面点物方坐标的过程。对于传统框幅式中心投影的遥感影像，定向参数是内外方位元素，依赖的数学基础为共线条件方程，前方交会的过程可以直接根据内外方位元素利用共线条件方程进行计算，计算量较小，执行效率高。对于光学卫星遥感影像，RFM（Rational Function Model）作为通用标准的传感器模型是其依赖的数学基础，其定向参数是 RPC（Rational Polynomial Coefficients），前方交会要利用 80 个 RPC 通过 RFM 进行迭代求解，运算量大，执行效率低。

根据 RPC、同名像点坐标列误差方程，每个像点可以列两个方程。对于一对同名像点则可以列出 4 个方程，地面点有 3 个未知数，这样有一个多余观测，便可利用最小二乘原理求解地面点坐标。

$$\begin{cases} r = r_s \cdot \dfrac{p_1(X_n, Y_n, Z_n)}{p_2(X_n, Y_n, Z_n)} + r_0 \\ c = c_s \cdot \dfrac{p_3(X_n, Y_n, Z_n)}{p_4(X_n, Y_n, Z_n)} + c_0 \end{cases} \tag{5.7}$$

目前 RFM 常用如式（5.7）所示的正解形式，其中 (X_n, Y_n, Z_n) 为地面点坐标，(r,c) 为对应的像点坐标，(r_s, c_s, r_0, c_0) 为对应像坐标的归一化系数。将式（5.7）的两个方程按照泰勒公式展开至一次项，则由立体像对的同名点坐标 (r_1, c_1)，(r_r, c_r)，可以列出如下误差方程：

$$\begin{bmatrix} v_{rl} \\ v_{rr} \\ v_{cl} \\ v_{cr} \end{bmatrix} = \begin{bmatrix} \dfrac{\partial r_1}{\partial Z} & \dfrac{\partial r_1}{\partial Y} & \dfrac{\partial r_1}{\partial X} \\ \dfrac{\partial r_r}{\partial Z} & \dfrac{\partial r_r}{\partial Y} & \dfrac{\partial r_r}{\partial X} \\ \dfrac{\partial c_1}{\partial Z} & \dfrac{\partial c_1}{\partial Y} & \dfrac{\partial c_1}{\partial X} \\ \dfrac{\partial c_r}{\partial Z} & \dfrac{\partial c_r}{\partial Y} & \dfrac{\partial c_r}{\partial X} \end{bmatrix} \begin{bmatrix} \Delta Z \\ \Delta Y \\ \Delta X \end{bmatrix} - \begin{bmatrix} r_1 - \hat{r}_1 \\ r_r - \hat{r}_r \\ c_1 - \hat{c}_1 \\ c_r - \hat{c}_r \end{bmatrix} \tag{5.8}$$

令

$$A = \begin{bmatrix} \dfrac{\partial r_l}{\partial Z} & \dfrac{\partial r_l}{\partial Y} & \dfrac{\partial r_l}{\partial X} \\ \dfrac{\partial r_r}{\partial Z} & \dfrac{\partial r_r}{\partial Y} & \dfrac{\partial r_r}{\partial X} \\ \dfrac{\partial c_l}{\partial Z} & \dfrac{\partial c_l}{\partial Y} & \dfrac{\partial c_l}{\partial X} \\ \dfrac{\partial c_r}{\partial Z} & \dfrac{\partial c_r}{\partial Y} & \dfrac{\partial c_r}{\partial X} \end{bmatrix}, \quad l = \begin{bmatrix} r_l - \hat{r}_l \\ r_r - \hat{r}_r \\ c_l - \hat{c}_l \\ c_r - \hat{c}_r \end{bmatrix}$$

则坐标改正数 $\boldsymbol{\Delta}$ 的最小二乘解为

$$\boldsymbol{\Delta} = (A^T A)^{-1} A^T l \tag{5.9}$$

由于解算地面点坐标采用的数学模型是线性化后的模型，因此为获取最优解需要进行迭代。

5.4.3 基于 GPU 的前方交会方法

1）CUDA 编程模型

CUDA 支持大量的线程级并行，并在 GPU 硬件中动态地使用这些线程（thread）。在 CUDA 编程模型中，将 CPU 作为主机端，将 GPU 作为设备端。CPU 负责整个程序的串行逻辑和任务调度，GPU 负责并行处理部分。设备端的执行部分为核函数"kernel"。一般情况下，主机端程序会将数据准备好，然后传输到显卡存储器（显存）中，再由 GPU 执行设备端程序，计算完成后，将结果从设备端传回主机端。

GPU 线程由网格（grid）的方式组成，若干个线程块（block）组成一个网格。在 CUDA 架构中，一个 grid 由若干 block 组成，一个 block 由若干 thread 组成，线程是最小单元。此次试验所用设备，每个 block 中 thread 数量最大为 1024。同一 block 中所有线程可以并行执行，通过共享存储器和栅栏（barrier）进行通信，不同 block 中的线程不能访问同一共享存储器。线程在处理任务时，会访问到不同存储空间中的数据。thread 有自己的局部存储器和寄存器；block 有自己的共享存储器；全局存储器、纹理存储器和常数存储器可以被 grid 中的所有线程访问。

2）前方交会并行设计与优化

基于 RFM 的前方交会，输入 RPC 和匹配的同名像点坐标，输出同名像点对应的地面点坐标。对不同点，处理过程基本一致，且又相互独立，非常适合 GPU 并行处理。为实现前方交会的 GPU 并行处理，需要编写一个对应的设备端 kernel 函数。在函数内部，通过 CUDA 的内置变量定位要处理的同名像点坐标，然后根据 5.4.2 节的步骤完成前方交会的迭代计算。

完整的处理过程如图 5.9 所示。首先，在 CPU 端初始化输入参数，并为 RPC、同名像点和三维交会点分配 GPU 内存空间，将输入参数传入 GPU 端；确定 kernel 的执行配置，合理确定线程大小，使每个线程和像素一一对应，调用 kernel 函数；最后将 GPU 计算的交会点结果传回 CPU 端并释放设备显存。

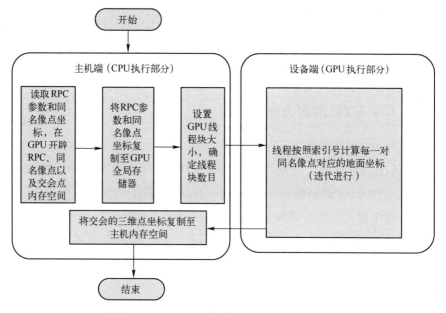

图 5.9　CPU-GPU 协同处理的前方交会流程

由于硬件限制，GPU 线程块配置的大小同整幅影像相比较小，因此试验中需要对整幅影像进行逻辑分块，每一个逻辑块与一个 GPU 线程块对应，且大小与 GPU 线程块保持一致，以保证线程块中线程对逻辑块中的每一个像点都能进行处理。除全局存储器外，GPU 上还有一个常数存储器。该存储器存储空间小，且为只读存储器，但访存速度明显优于全局存储器。RPC 模型参数所需存储空间较小，且计算完成后不再改变，满足常数存储器对存储空间和数据只读的要求；因此，在 GPU 并行优化过程中，将 RPC 模型参数放入常数存储器中，可以提高算法的计算访存比，从而提高算法的执行效率[17]。

5.4.4 试验与分析

为验证上述算法的正确性和性能,这里对天绘一号卫星三视立体影像匹配的结果进行了基于 CPU-GPU 协同的前方交会处理。天绘一号卫星三线阵影像分辨率为 5m,采用 10bit 量化,标准景影像大小为 12000×12000pixel。试验硬件环境中主机 CPU 型号为 interl Xeon X5660,主频 2.8GHz,内存大小为 12GB,GPU 为 NVIDIA Tesla C2075,含 448 颗计算芯片,全局存储器大小为 6GB,常数存储器和片上缓存均为 64KB,峰值浮点计算能力为 515 吉次浮点运算/s(双精度)。

利用上述影像数据对应的 3 种密集匹配结果包括逐像点匹配、3×3 窗口选一个点、5×5 窗口选一个点分别开展了试验,3 种匹配方式下对应的点数分别为 1.44 亿、1600 万、576 万。首先测算纯 CPU 模式下对匹配结果进行前方交会花费的时间;其次测算采用 CPU-GPU 协同处理方式花费的时间;最后,考虑 GPU 的计算效率与线程块执行配置之间关系密切,对线程块的设置进行了优化,优化后的线程数(thread)设置为(16,16),网格维度(blocks)设定为(分块影像宽/16,分块影像高/16),同时考虑将 RPC 从全局存储器迁移到常数存储器,测算优化后的处理时间。实验结果如表 5.3 所列。

表 5.3 三种情况计算时间对比

点 数	处理时间/s			加速比	
	CPU 处理模式	CPU/GPU 协同	CPU/GPU 协同优化	未优化	优化
576 万点	185	8	7	23 倍	26 倍
1600 万点	501	15	9	33 倍	56 倍
1.44 亿点	4471	81	29	55 倍	154 倍

从实测结果可以看出:

(1)单景数据密集点云的前方交会时间在纯 CPU 的计算模式下,尤其是逐像素匹配结果所需时间更长,成为制约算法应用的瓶颈。

(2)按照 CPU-GPU 协同处理模式,试验中 3 种匹配结果对应前方交会时间的数量级从小时和分钟级直接缩短为秒级,效率显著提高。

(3)对 CPU-GPU 协同处理的优化也非常必要,优化后的效率可以提高数倍。

(4)当数据量较小时,由于内存和显存间的数据传输占用了比较多的时间，制约了 GPU 的加速效果，因此并行处理的优势不是很明显。但随着数据量的增加，CPU-GPU 协同处理的加速效果明显提升。

参考文献

［1］ 巩丹超. 一种基于 LZD 的光学卫星影像 DSM 漏洞修补方法［J］. 测绘科学与工程，2019，39（6）：1-5.

［2］ PAUL J B, NEIL D M. A method for registration of 3D shapes［J］. IEEE Transactions on Pattern Analysis and Machine Intelligence, 1992, 14（2）：239-256.

［3］ ROSEN H D, TORELEGARD K. Three-dimensional absolute orientation of stereo models using digital elevation models［J］. Photogrammetric Engineering and remote sensing, 1988, 54（10）：1385-1389.

［4］ 杨容浩. 无控制 DEM 匹配算法性能比较与改进研究［D］. 成都：西南交通大学，2006.

［5］ 张同刚，岑敏仪，冯义从，等. 采用截尾最小二程估计的 DEM 匹配方法［J］. 测绘学报，2009，38（2）：144-151.

［6］ 陈小卫，张保明，张同刚，等. 公开 DEM 辅助无地面控制国产卫星影像定位方法［J］. 测绘学报，2016，45（11）：1361-1383.

［7］ 贺宏. DEM 辅助无地面控制点卫星影像定位技术研究［D］. 郑州：信息工程大学，2013.

［8］ 张浩，张过，蒋永华，等. 以 SRTM-DEM 为控制的光学卫星遥感立体影像正射纠正［J］. 测绘学报，2016，45（3）：326-331.

［9］ REUTER H I, NELSON A, JARVISA. An evaluation of void-filling interpolation methods for SRTM data［J］. International Journal of Geographical Information Science, 2007, 21（9）：983-1008.

［10］ RODRIGUEZ E, MORRIS C S, BELZ J E. A global assessment of the SRTM performance［J］. Photogram-metric Engineering & Remote Sensing, 2006, 72（3）：249-260.

［11］ KIM T, JEONG J. DEM matching for bias compensation of rigorous pushbroom sensor models［J］. ISPRS Journal of Photogrammetry and Remote Sensing, 2011, 66（5）：692-699.

［12］ 巩丹超，王崑. CPU-GPU 协同处理的光学卫星遥感影像前方交会方法［J］. 测绘科学与工程，2016，36（6）：28-30.

［13］ 张祖勋，吴媛. 摄影测量的信息化与智能化［J］. 测绘地理信息，2015，40（4）：

1-5.

[14] 杨靖宇，张永生，李正国，等．遥感影像正射纠正的 CPU-CPU 协同处理研究［J］．武汉大学学报（信息科学版），2011，36（9）：1043-1046．

[15] 杨靖宇．摄影测量数据 GPU 并行处理若干关键技术研究［D］．郑州：信息工程大学，2011．

[16] 赵进．基于 GPU 的遥感图像并行处理算法及其优化技术研究［D］．长沙：国防科学技术大学，2011．

[17] 方留杨，王密，李德仁．CPU 和 GPU 协同处理的光学卫星遥感影像正射校正方法［J］．测绘学报，2013，42（5）：668-675．

第6章 多视角光学遥感卫星影像精细三维重建

6.1 引 言

多视角光学遥感影像精细三维重建是一种根据多张（至少两张）不同视角的光学影像，利用高精度定位和密集匹配技术，生成三维点云并通过纹理映射重建三维模型表面的技术。多视角光学影像三维重建通常依靠汽车、飞机（无人机、有人机）、卫星等传感器平台，拍摄大量不同视角的影像。不同的传感器平台，适用于不同的三维重建应用场景。其中：多视角光学车载影像，适用于街景地区，建筑物立面的高分辨率三维重建；多视角光学航空影像适用于小范围地区的高精度三维重建；多视角光学遥感卫星影像则适用大范围的快速三维重建。与传统的双目或者立体光学影像三维重建相比，多视角光学影像三维重建具有更高的重建精度、更好的可靠性、更快的处理效率以及重建信息丰富、完整和直观等明显优势。与激光 LiDAR 三维技术相比，多视角光学影像三维重建具有生产成本低、更新速度快、分辨率高和测绘范围大等突出优势。受限于空管限制和国家安全需要，车辆和飞机平台无法在境外地区进行大范围三维重建，而卫星平台在全球观测、重复观测、无国界限制对地观测方面，有着其他传感器平台所无可比拟的优势。多视角光学遥感卫星影像三维重建技术，能够提供大范围、高分辨率、高精度的三维地理信息产品，在全球测绘、智慧地球等方面，有着广泛的应用价值。

随着国家高分重大专项的顺利实施，我国在天基全球地理空间信息探测方面取得了长足的进展，不断提高的卫星影像分辨率及迅速增加的影像数量，为自动精准的三维地理数据获取提供了重要的数据源。然而，受过去技术水平、经费投入等影响，地理信息融合处理能力的发展滞后和薄弱，与当前地理空间信息探测能力不匹配，技术与装备的短板效应比较明显。现实的情况是，我国每天都在以 TB 级的数量获取遥感数据，但信息提取利用率尚不到获取量的 5%，造成极大的浪费。如何发挥天基信息的效益，提高多源遥感数据的处理水平和效率，将海量、高分辨率的多源遥感数据快速有效地转化为服务于国民经济建设急需的各种地理信息保障产品，是当前必须解决的重要问题。

摄影测量的基本功能是基于遥感影像由二维重建三维，实现地面目标定位和定性，主要解决地面目标"在哪里"和"是什么"的问题。根据摄影测量的基本原理，由于利用单张像片无法实现对地面点的定位，因此传统摄影测量实现定位和定性的处理主要是利用两幅遥感影像进行三维信息的获取。两幅遥感影像在摄影时刻对应摄站位置的连线称为摄影基线。在传统的航空摄影测量中，由于硬件条件的限制，影像间的航向重叠度一般只有 60%，三度重叠只有 20%，除空中三角测量外的整个处理都是基于两张影像的处理方式。对两张影像来说，只有一条基线，因此传统的摄影测量处理也称作单基线摄影测量处理技术。

由两幅二维影像所构成的"单基线"立体像对重建三维空间是一个病态问题。尽管人眼可以精确识别影像上的同名特征，可以修正这种病态问题，完成精确的三维重建，但是数字摄影测量中利用计算机自动匹配替代人眼观测同名点时，可能存在大量的错误匹配点，因而很难精确重建三维。在传统的单基线摄影测量中，自动三维重建很难完全解决。为了避免病态问题的出现，提高由二维重建三维的自动化程度，计算机视觉很早就开始研究多目立体视觉系统、多目机器人视觉系统、多目立体匹配，并且取得了不少成果。计算机视觉的多目，也就是摄影测量处理中的多基线。早期由于受数据源限制，摄影测量很少采用多基线的处理方式。在传统数据源的条件下，病态三维重建的问题很难得到有效的解决，往往需要大量的人工参与才能满足实际的要求，很难满足自动化处理的需求。近年来随着遥感技术，特别是数码航空相机和高分辨率遥感卫星的迅猛发展，基于多基线遥感影像进行三维重建成为现实。多视角光学影像三维重建则采用不同视角多重叠度的遥感数据进行三维重建，综合利用多幅影像信息增加空间物体表面的可见性和多余观测量，使匹配影像寻找同名点更加准确可靠，空间前方交会实现目标定位精度更高，纠正后的影像信息量更丰富，几何量测性能更高，这样一个传统的病态解问题变为确定解。利用多视角光学影像进行三维重建，不仅可以改善三维重建的精度、可靠性，而且可以提高三维重建的自动化程度。在扩展遥感数据的应用和保障领域的同时，可以显著提高遥感数据处理的自动化水平，从而显著提升多源遥感数据的处理效率。

随着国家信息化建设的加速推进，对构建智慧地球，特别是对多样化地理信息产品提出了新的要求，除需要提供常规测绘所需的系列比例尺地形图（DLG）、数字正射影像（DOM）和数字高程模型（DEM）以及定位控制数据等基础地理信息产品外，急需提供更加真实、可靠、精确、直观的三维地理空间信息和产品的保障和服务。多视角光学影像三维重建技术不仅可以生产传统的3D产品，还可以生产数字表面模型（DSM）、真正射影像（TDOM）、实景三维甚至实体三维等新型地理信息保障产品。DSM同DEM相比，不仅包含地貌信息，而且包含地表上各种地物包括建筑物、桥梁等的高度信息，比DEM能更准确地描述地表的形态。TDOM同DOM相比，完全消除了投影误差和倾斜误差，可量测性能更好、没有地表影像的遮挡，信息量更丰富；实景三维产品兼具精确三维的地理信息和真实纹理信息，具有真实、直观和操作性强等特点。这些新型测绘产品将成为未来测绘保障的重点，必将得到广泛的应用。

在数字化时代，遥感数据处理追求目标是自动化；在信息化时代，遥感数据追求目标是智能化。智能化是自动化的更高阶段。人工智能对遥感数据处理的转型升级具有重要推动作用，人工智能方法的引入将显著促进遥感数据三维重建的自动化程度以及重建质量。遥感数据处理的主要任务包括语义信息和几何信息的提取。现有的研究表明：深度学习的方法已经在语义信息的自动化提取方面取得了较好的突破。如在遥感影像的地物解译中，典型地物要素识别正确率达到85%以上。尝试将深度学习的方法从语义信息的识别提取延伸到几何信息的三维重建，具体应用于卫星影像三维重建的影像匹配关键环节，将显著改善多源卫星遥感数据几何信息三维重建的质量和效率，进一步推动多源遥感数据处理向智能化阶段的转型升级。

目前，得益于影像密集匹配和三维重建技术的发展，多视角三维重建技术发展较快，相对于传统的测绘产品，实景三维表达更直观，信息更丰富，已经成为测绘产品的主流，因此备受关注。我国已在"十四五"启动"实景三维中国"建设项目，目前倾斜航空摄影和基于倾斜航空摄影的三维重建技术已经成熟，然而航空影像尺度相对较小，重建大场景的三维实景效率低下，无法满足境外大范围的三维重建。多视角光学遥感卫星影像三维重建技术，能够提供大范围、高分辨率、高精度的实景三维产品，有着明显的技术优势。

但是与多视角光学航空影像三维重建相比，技术差异主要包括：①传感器成像方式不同：航空光学的卫星影像为面阵影像，而卫星影像通常是线阵影像，多中心投影的成像关系比较复杂。②影像质量差异：受大气等条件的影响，卫星影像的质量通常不如航空影像。③立体像对构成的差异：卫星影像大部分是异轨影像，由于拍摄角度、成像时间、太阳光照等条件的影响，成像时间间隔内测区地表覆盖或地物可能发生变化，立体像对之间不仅存在几何变形，而且存在显著的辐射信息差异。另外，像对之间通常存在弱交会（交会角小于 10°）的问题。④数据量差异：航空多视角影像像幅范围较小，而卫星的像幅很大，因此处理的数据量也有很大的差异。因此多视角光学遥感卫星影像处理对三维重建技术提出了新的更高的要求。

目前高分辨率光学遥感卫星影像因不受空域限制且重访周期短，已逐步成为多源遥感数据的主体，用于满足大比例尺地形图更新和测绘的需要。随着航空多视角摄影测量处理技术在三维实景建模中的广泛应用，卫星影像平台的发展也使多视角的高分辨率光学遥感卫星数据进入我们的视野。基于高分辨率敏捷成像卫星影像的实景建模技术代表了卫星测绘技术的顶尖水平。国外 WorldView3、Pleiades 等多种商业类敏捷遥感卫星，均可以利用其灵巧机动、重访周期短的优势，从多角度拍摄亚米级的高分辨率多视角影像，高效进行大尺度三维重建。其下一代星座 WorldView Legion、Pleiades Neo 将会进一步增强全球实景三维建模能力。近年来，高景一号、高分九号、高分七号、高分多模、高分十四号等高分辨率卫星相继成功发射并应用，这些国产卫星影像不仅具备亚米级的成像分辨率，而且具有快速敏捷的侧摆成像能力（高景一号、高分九号和高分多模卫星均具有沿轨和垂轨方向实现 45° 大角度侧摆能力），另外在定位精度上也有很大的提升（高分十四号卫星无控定位精度平面 5m，高程 1.6m），总之国产卫星数据源的条件也已具备。

商业软件中，目前国外的像素工厂和 Vricon 软件已具备使用多视角卫星影像进行三维重建的功能，特别是像素工厂从 2018 年推出基于多视角卫星影像的三维重建模块，如今已应用于实际生产项目中，可实现城市区域大规模实景三维的快速生产，也可以满足测绘产品级别的真正射影像（TDOM）和 DSM 快速生产。但这些国外成熟商业三维重建软件，价格昂贵，并且容易受到国外的技术封锁，受制于人。国内的研究由于前期主要受数据源所限，多视光学卫星影像的实景三维重建技术发展刚刚起步，相对滞后。

6.2 多基线立体三维重建概述

传统摄影测量实现定位和定性的处理主要是利用两幅遥感影像进行三维信息的获取。对两幅影像来说，只有一条基线，因此传统的摄影测量处理也称单基线摄影测量处理技术。在单基线摄影测量处理中，自动匹配和交会很难兼顾，自动三维重建很难完全解决。为了避免病态问题的出现，提高由二维重建三维的自动化程度，计算机视觉很早就开始研究多目机器人视觉系统，并且取得了不少成果。早期由于受数据源限制，摄影测量很少采用多基线的处理方式。近年来，随着遥感技术，特别是数码航空相机和高分辨率遥感卫星的迅猛发展，基于多基线遥感影像进行三维重建成为现实。在实现三维重建的过程中有两个重要的环节：自动匹配和前方交会。自动匹配通常是根据影像匹配窗口的相似性来寻找同名像点，而前方交会则是利用同名像点来进行光线的空间交会，确定地面点的三维坐标。通常，为了提高匹配的可靠性，要求参与匹配的两幅影像具有高重叠度（等价于要求两幅影像具有小的交会角），这样才能减少两幅影像之间的相对变形。而为了提高前方交会的精度，通常要求参与交会的两幅影像具有大的交会角。显然这两方面对影像的要求是矛盾的。在传统单基线摄影测量中，自动匹配和前方交会的矛盾无法调和。同单基线相比，多基线遥感影像重叠度高，信息量丰富，同名特征的冗余观测多，很大程度上可以避免由二维重建三维的病态问题。在多基线的条件下，自动匹配和前方交会则是可以兼顾的，实现两者的统一。采用多基线的方式，可以利用基线短、交会角小的影像进行自动匹配，用基线长、交会角大的影像进行交会，不仅有利于影像匹配，同时也可以提高三维重建精度。

如图 6.1 所示，对目标点 A 进行单基线的三维重建，可能多解 A_1、A_2、A_3，也可能无解。多解的情况主要是匹配错误造成，无解的情况主要是同名像点不存在造成。因此在单基线条件下，三维重建的可靠性和精度易受影响。但在多基线的条件下进行三维重建，情况则显著改善。基于多基线实现地面点 A 的三维重建过程，出现多解或无解的情况明显减少。在匹配过程中，多个视角获取的影像大大减少，甚至避免了遮挡造成的同名像点不存在引起的无解情况；多条光线前方交会可以相互验证，避免了个别匹配点错误引起的多解情况。归纳总结起来，多基线的优势主要表现在以下几个方面：改善和避免由二维重建三维的病态问题;提高影像匹配的可靠性、成功率和前方交会的精度;提高三维重建的自动化水平和可靠性;增加摄影测量产品尤其是影像类测绘产品的信息量,使 DSM、真正射影像以及实景三维产品的生产成为现实。

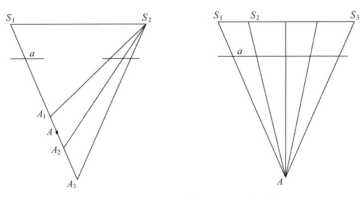

图 6.1　单基线与多基线的三维重建示意图

多基线影像具有重叠度大的优势,一个空间点可能会同时出现在两幅以上的影像上,首先从理论上分析多幅影像的像点参与立体定位的精度情况,以便为实际应用提供理论支撑。由于卫星影像目前主要由线阵推扫方式获得,是一种行中心投影的成像方式,传感器模型相对比较复杂,不便于进行理论分析,因此借鉴传统航空影像框幅式中心投影的理论来进行分析。由立体像对左右两影像的内、外方位元素和同名像点的影像坐标量测值来确定该点的物方空间坐标,称立体像对的空间前方交会[1]。传统空间前方交会主要采用点投影系数法,但点投影系数法却不适用多基线立体影像。多基线前方交会一般有光束法前方交会和线性前方交会两种方法[2]。主要采用光束法前方交会来分析多基线对前方交会精度的影响。

6.2.1　多基线前方交会

光束法前方交会是根据已知内外方位元素的两幅或两幅以上的影像,基于共线方程把待定点的影像坐标作为观测值,求解待定点物方空间坐标的过程。为简化分析过程,考虑垂直摄影情况,此时各个像片外方位元素的角元素为零,旋转矩阵为单位阵,同时假设所有像片的 Z_S 相等,则共线方程的简化形式如下[1]:

$$\begin{cases} x^i = -f\dfrac{X-X_S^i}{Z-Z_S^i} \\ y^i = -f\dfrac{Y-Y_S^i}{Z-Z_S^i} \end{cases} \tag{6.1}$$

式中：f 为焦距；X、Y、Z 为地面点的三维坐标；X_S^i、Y_S^i、Z_S^i 为第 i 张像片外方位元素的线元素；x^i、y^i 为地面点在第 i 张像片的像点坐标。将上述方程线性化，可得多像前方交会的误差方程式：

$$\begin{cases} v_{x^i} = \dfrac{f}{H}\delta_X + \dfrac{x^i}{H}\delta_Z - l_{x^i} \\ v_{y^i} = \dfrac{f}{H}\delta_Y + \dfrac{y^i}{H}\delta_Z - l_{y^i} \\ \vdots \\ v_{x^j} = \dfrac{f}{H}\delta_X + \dfrac{x^j}{H}\delta_Z - l_{x^j} \\ v_{y^j} = \dfrac{f}{H}\delta_Y + \dfrac{y^j}{H}\delta_Z - l_{y^j} \end{cases} \tag{6.2}$$

式中：H 为航高；δ_X、δ_Y、δ_Z 为地面点坐标的改正数；l_{x^i}、l_{y^i}、l_{x^j}、l_{y^j} 为误差方程式常数项。假设有 m 幅影像，P 为权矩阵，则根据光束法前方交会的原理，将上述误差方程式法化后法方程的系数矩阵为

$$A^\mathrm{T}PA = \begin{bmatrix} \dfrac{mf^2}{H^2} & 0 & \dfrac{f\sum\limits_{i=0}^{m}x_i}{H^2} \\ 0 & \dfrac{mf^2}{H^2} & \dfrac{f\sum\limits_{i=0}^{m}y_i}{H^2} \\ \dfrac{f\sum\limits_{i=0}^{m}x_i}{H^2} & \dfrac{f\sum\limits_{i=0}^{m}y_i}{H^2} & \dfrac{\sum\limits_{i=0}^{m}(x_i^2+y_i^2)}{H^2} \end{bmatrix} \tag{6.3}$$

理论上像片都是对称分布的，像片 x 坐标的平均值为零。为进一步简化，假设 $\sum\limits_{i=0}^{m}x_i = 0$，同时令 $y_i = 0$，则相应未知数的权系数矩阵为

$$Q = (A^{T}PA)^{-1} = \begin{bmatrix} \dfrac{H^2}{mf^2} & 0 & 0 \\ 0 & \dfrac{H^2}{mf^2} & 0 \\ 0 & 0 & \dfrac{H^2}{\sum\limits_{i=0}^{m} x_i^2} \end{bmatrix} \quad (6.4)$$

根据最小二乘的平差原理,可知

$$\begin{cases} m_X = m_Y = \mu \sqrt{\dfrac{H^2}{mf^2}} \\ m_Z = \mu \sqrt{\dfrac{H^2}{\sum\limits_{i=0}^{m} x_i^2}} \end{cases} \quad (6.5)$$

式中:m_X、m_Y、m_Z 为地面点坐标的中误差;μ 为单位权中误差。

6.2.2 多基线前方交会精度分析

由式(6.5)可知,随着 m 增大,即随着多像前交的影像数或影像重叠度数增加,不仅高程方向的前方交会精度提高,而且平面的前方交会精度也会提高。从平差理论分析,多余观测数越多,平差结果的精度和可靠性就越高。对于平面精度而言则是直接与重叠数 m 的平方根成反比,重叠度越高,平面精度越好。而高程精度与重叠数 m 有关系,在重叠数一致的情况下,$\sum\limits_{i=0}^{m} x_i^2$ 越大,高程方向交会精度也越高。$\sum\limits_{i=0}^{m} x_i^2$ 的大小,与摄影基线有关系,交会角 $\beta = B/H = x_i/f - x_j/f$,表明摄影基线越大,则交会角越大,$\sum\limits_{i=0}^{m} x_i^2$ 也越大,高程的交会精度越高。这也说明,在多幅影像前方交会的情况下,由多个短基线构成的多基线立体影像在进行空间前方交会时,其高程精度高于基线最长的单基线立体像对的交会精度[2-3]。

6.2.3 多基线影像定位试验与分析

上述的理论分析是针对传统框幅式中心投影,并且采用了近似公式来完成分析,下面用卫星线阵影像的真实数据进行分析验证。这里采用国产测绘卫星天绘一号卫星的三线阵立体影像开展试验。

1）试验数据

试验选择 2011 年 7 月成像的陕西宝鸡地区一景天绘一号卫星三线阵影像，如图 6.2 所示，影像质量良好，几乎无云层覆盖，高差适中，既有山区也有城镇区域，为本次试验提供了较好的数据基础。该影像数据包含三景影像数据以及对应的 RPC 定向参数文件，其中控制点有 18 个。

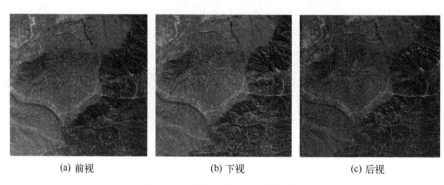

(a) 前视　　　　　　　(b) 下视　　　　　　　(c) 后视

图 6.2　天绘一号卫星影像数据

2）试验过程

为了充分说明验证多基线的交会特性，本书针对上述数据，利用四种交会方式，分别是前视和下视、下视和后视、后视和前视、前、下、后三视交会方式，通过控制点同名像点坐标进行前方交会，利用交会的物方坐标和实际坐标进行精度的分析比较。考虑到天绘一号卫星三景影像间的系统误差对定位精度的影响，在进行前方交会分析前，利用少量控制点对前、下、后视影像进行了有控条件下的联合平差，消除了三视影像之间的系统误差，进一步优化了 RPC 的定位精度。

3）试验结果

试验结果如图 6.3 和图 6.4 所示，其中折线 1（蓝色）为前视和下视前方交会的结果，折线 2（红色）为下视和后视交会的结果，折线 3（绿色）为前视和后视交会的结果，折线 4（紫色）为前、下、后三视交会的结果。图 6.3 为四种交会方式对应的平面精度，图 6.4 为四种交会方式对应的高程精度，图 6.5 为四种交会方式对应的三维定位精度。

4）分析和结论

从图 6.3~图 6.5 的结果可以发现：对于平面交会精度，前两种交会方式精度相当，第三种方式精度差，第四种交会方式精度最好；对于高程精度，前两种交会精度相当，第三种方式比前两种方式精度好，第四种交会方式精

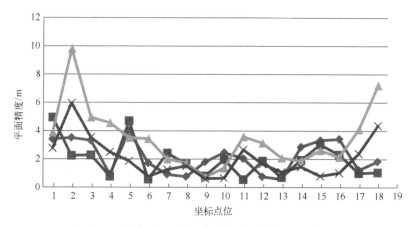

图 6.3　天绘一号卫星前方交会平面精度（见彩图）

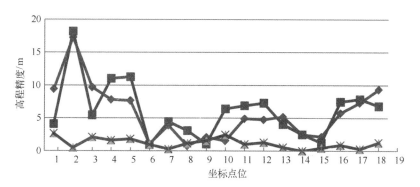

图 6.4　天绘一号卫星前方交会高程精度（见彩图）

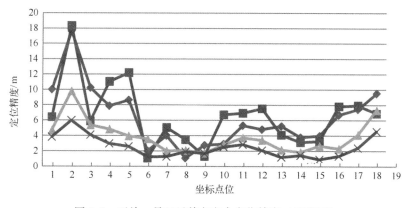

图 6.5　天绘一号卫星前方交会定位精度（见彩图）

度最好。无论是平面和高程精度，试验结果表明多基线的交会方式，精度最好（说明：在图 6.4 中，第三和第四种交会方式由于图形分辨率所限，图形重叠到一起,但实际数据表明第四种方式高程精度稍高)。

对于第三种方式即前视和后视的交会方式,相对于前两种交会方式,平面精度相对差,而高程精度相对高。分析原因主要是前视和后视的交会角比前两种交会方式大一倍,高程精度与交会角有直接关系,交会角越大,高程的精度越高,而平面精度与匹配精度有直接关系,匹配精度又受交会角的影响,交会角越大,影像之间的变形越大,因而匹配精度差,进而影响平面精度。上述关于高程和三维定位精度的试验结果进一步验证了前面理论分析的结果。

6.3 多视角光学遥感卫星影像三维重建总体设计

为了实现多视角光学遥感卫星影像的三维重建精度,本节持续追踪国内外三维重建领域的最新研究成果,设计提出了一套完整的基于多视角卫星三维重建方法。该方法首先在多视角影像中,快速获取连接点,然后采用 RPC 全参数的平差方法,并基于平差结果选择若干最优的立体像对;其次针对每个像对采用水平纠正、分块核线影像生成、逐像点密集匹配的方法生成点云;最后对这些点云进行融合构网并进行纹理映射生成卫星实景模型。总体技术路线如图 6.6 所示。本节在借鉴多视角航空影像三维重建技术和常规光学卫星图像三维重建技术的基础上,重点突破了下列关键技术,包括连接点快速获取、RPC 全参数优化的区域网平差、立体像对优化选择等技术[4]。

6.3.1 卫星影像的连接点快速匹配[5]

连接点快速匹配是卫星图像定位处理的首要步骤,其目的是找到卫星图像之间的若干同名像点。与航空或地面摄影测量场景中的连接点匹配相比,卫星立体影像的连接点匹配遇到了一些独特的挑战,例如大图像尺寸、云遮挡、大的弱纹理区域(例如水域)、几何畸变和季节变化(例如农田等植被覆盖区域)。上述挑战将大大增加匹配时间复杂性,并影响最终定位结果,因为对应的这些挑战区域通常精度较低。为了获得良好的匹配结果,当前的工作通常是在整个图像对中找到对应关系,同时利用一些约束(例如金字塔策略和核线策略),以保证足够好的定位匹配。

目前,卫星立体像的特征匹配可以分为鲁棒优先算法和效率优先算法。

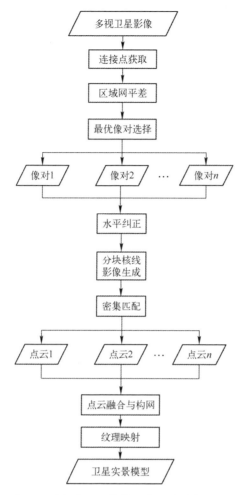

图 6.6 多视角卫星影像三维重建技术路线图

鲁棒性优先算法侧重于提高卫星立体图像之间特征匹配的稳健性和准确性，特别是在几何失真、辐射失真和弱纹理场景中。传统方法在卫星图像匹配中使用了一些著名的描述符（如 SIFT[6]、SURF[7]、ORB[8]、BRISK[9]、AKAZE[10]），能够针对欧几里得几何畸变和局部线性辐射畸变获得稳健的匹配结果[11-15]。然而，在更复杂的几何和辐射畸变场景中，这些传统畸变可能会遇到挑战，这在多源卫星立体影像中很常见。为了进一步提高卫星立体影像的匹配鲁棒性，既可以通过综合利用不同的传统特征[16]、整合仿射不变特征[17-19]和灰度不变特征[20-21]来改进描述符本身，也可以施加空间正则化约束以减少匹配模糊性[22-24]。近年来，卷积神经网络（CNN）被用于特征匹配，它能够提取更准确、更健壮的深层特征，特别是在一些具有挑战性的场景中[25-31]。然而，为了保证找到足够好的匹配，这些方法通常涉及整个图像的特征匹配，大大增加了特征匹配的时间复杂度。效率优先算法侧重于提高卫星立体像的匹配效率。通常会利用核线和图像金字塔来预测对应的潜在位置，显著减少特征匹配的搜索空间[32-34]。Ling 等提出从均匀分布的图像块获取匹配特征，而不是整幅图像，这是一种有效降低匹配时间成本方法[35]。然而，上述方法中用于匹配的图像块不能应用于卫星立体像定位误差较大（如误差达到数百像素）的场景，因为较大的定位误差可能会导致立体像中出现错误的图像块对。

为了实现高效、鲁棒的特征匹配，本节提出一种基于能量函数优化的图像匹配块选择算法，其基本假设是，只用少数图像块的匹配即可获得与整幅图像立体影像匹配相当的定位结果。由于图像匹配区域小得多，所提出的图像块选择方法可以显著减少匹配时间开销。该方法的核心是将图像块选择转化为能量函数的三步优化：纹理优化、均匀分布优化以及影像一致性优化。该方法能够避免难以匹配的区域（如水、云），并选择最佳图像块，从而实现高质量的定位匹配。此外，该方法在优化过程中引入了块放大约束，对于有数百米的定位误差的影像也可以获得稳健的匹配结果。

6.3.1.1 工作流程

通过选择一些均匀分布、纹理和影像一致性的最佳图像块进行匹配，在保持卫星立体影像匹配精度的同时，降低匹配时间开销。本节提出一种三步优化的最优图像块选择方法，它以块纹理、块分布和块对之间的影像一致性为约束，逐步选择最优图像块。该方法的输入是具有定向参数的高分辨率卫星立体像，其工作流程如图 6.7 所示。

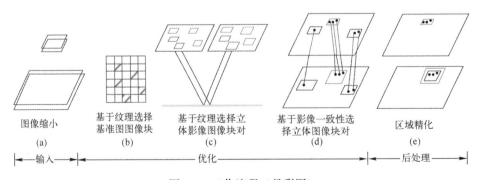

图 6.7　工作流程（见彩图）

取卫星立体图像中的一幅作为基本图像 I_1，另一幅记为 I_2。为了提高计算效率，优化前，将两幅图像按比例缩小，通常缩小 1/4~1/8，对缩小后的图像进行优化处理。在优化的第一步中，将缩小后的基本图像 I_1 划分为一系列固定块，根据其纹理和分布（如图 6.7（b）中的红色矩形）选择几个潜在的最优块 $S_1=\{b_1^1, b_2^1, \cdots\}$，其中 b_i^1 为 I_1 中的第 i 块。由于季节变化或云层遮挡，I_1 中潜在的最佳块可能不适合 I_2。因此，这里进一步考虑了 I_2 中的纹理信息，其中 I_2 中的块通过在立体影像平均高程的水平面上的前后向投影得到，如图 6.7（c）所示。只有两个图像中纹理丰富的块被选中，例如图 6.7（c）中的蓝色矩形。在第二个优化步骤中选择的这些块称为 $S_2=\{b_1^{'12}, b_2^{'12}, \cdots\}$，$b_i^{'12}$ 是 I_1 和 I_2 中的第 i 个块对。由于卫星立体图像的潜在定位误差，I_2 中的投影块可能与 I_1 中的投影块不一致。因此，本书将 I_2 中的投影块进行放大，以保证包含与 I_1 中的块一致的信息，如图 6.7（c）所示。在图 6.7（d）的第三个优化步骤中，通过特征匹配技术对 I_2 中的块对进行影像一致性约束，选取匹配良好的最优块对，如图 6.7（d）中的绿色矩形块对。最后，对 I_2 中投影块的大小进行细化，以保证 I_1 和 I_2 中的块大小相似。然后在原始 GSD（地面采样距离）内对这些最佳块进行重采样，以进行特征匹配和定位。

上述三步优化的时间复杂度很低。尽管在优化中仍使用特征匹配来保证块对之间的影像一致性，但在第一次和第二次优化后，这些准备匹配的块的数量很少。此外，图像金字塔策略也大大降低了时间复杂度。因此该方法可以在较低的时间开销下获得较好的匹配结果。

6.3.1.2 优化模型

1）全局能量函数

给定卫星立体影像 $\{I_1, I_2\}$ 和相应的缩小立体 $\{I_1^z, I_2^z\}$，将图像块选择问题表述为式（6.6）中能量函数的极小化，它由成本项和正则化项组成，前者表示每个块被选中的概率，后者表示块之间的空间距离约束。

$$\min E(L) = \sum_{b \in S}^{N} C(b, l_b) + P \cdot \sum_{b \in S}^{N} \sum_{d \in S-b}^{N-1} D(b, d) \quad (6.6)$$

式中：E 为设计能量函数，其最优解为特征匹配所选块；L 为所选块的集合。N 为预先定义的选择块号；S 为候选块集，其块数通常大于 N。式（6.6）的实质是选择能量函数最小的 N 个块。一般来说，N 和 S 在优化的不同步骤中具有不同的含义。为了在不同的步骤中区分不同的 N 和 S，通常表示为 N_i 和 S_i，$i=1,2,3$。在第一步优化中，S_1 表示 I_1^z 中所有块的集合，N_1 表示第一步最优解的块个数。在第二步优化中，其输入块集 S_2 正是第一步优化的解，因此 S_2 的元素数为 N_1。优化后，最优块数 N_2 降为 N_1/s，s 为块数比例因子。同样，输入块 S_3 正是前一种优化的解，最优块数 N_3 降为 N_2/s。本文在整个实验中定义 s 为 3。

将式（6.6）的第一项作为成本项，对图像分块的纹理信息和影像一致性信息进行定量评价，并将这些评价结果在预先设定的分块数量的限制下相加。成本越低，被选中的概率越高。在第一项中，b 是 S 中的任意一个块；$C(b,l_b)$ 为 b 以标签 l_b 为单位的成本。在式（6.1）的优化中，每个块只有二进制标签。例如，标签 1 表示"Selected blocks"，标签 0 表示"Not Selected blocks"。由于每一步优化都考虑了不同的成本约束（例如，第一步优化的是 I_1^z 中的纹理，第二步优化的是 I_1^z 和 I_2^z 中的纹理，第三步优化的是照片一致性信息），每一步的成本项都有不同的数学公式。

将式（6.6）的第二项作为正则化项，使所选块彼此远离，以达到匹配均匀分布的目的。第二项 P 为惩罚系数，用来平衡正则化项对块选择结果的影响。d 是 S 中的任意两个块；$D(b,d)$ 测量 b 和 d 之间的中心距离。

2）代价项

为了在匹配精度和时间开销之间取得良好的折中，该方法逐步优化块选择结果。每个步骤都有不同的成本项公式。在第一步优化中，成本项仅考虑 I_1^z 中的纹理信息，从大量候选块中有效地选择多个纹理块。由于时间成本低，本书使用强度梯度来评估纹理。因此，第一步优化的成本项表示为

$$C_1(b,l_b) = \begin{cases} \sum_{p \in b} G(p), & l_b = 1 \\ 0, & l_b = 0 \end{cases} \quad (6.7)$$

式中：C_1 为第一步优化的成本项；p 为位于 b 块中的像素；$G(p)$ 为 p 的强度梯度，这里采用 Sobel 算子计算。当块被选中时（$l_b=1$），成本项是 $G(p)$ 的和，否则为零。

由于季节变化和云遮挡，I_1^z 中的纹理块可能不适合 I_2^z。因此，第二步优化的成本项不仅考虑了 I_1^z 中的纹理信息，也考虑了 I_2^z 的纹理信息。在第二步优化中，纹理评估只考虑前一步中选定的块，这有助于减少时间开销。第二步优化中的成本项公式如下：

$$C_2(b,l_b) = \begin{cases} \sum_{p \in b_1} G_1(p) + \sum_{p \in b_2} G_2(p), & l_b = 1 \\ 0, & l_b = 0 \end{cases} \quad (6.8)$$

式中：C_2 为第二步优化的成本项；$b=\{b_1,b_2\}$ 是一个块对，其中 b_1 为 I_1^z 块，b_2 为 I_2^z 块；G_1 为在 I_1^z 中的强度梯度；G_2 为在 I_2^z 中的强度梯度。考虑到高分辨率卫星图像的定位误差，本书将 b_2 的尺寸设置为 b_1 的 3 倍，这样可以提高 I_2^z 中纹理评价的鲁棒性。

为了确保块对适合匹配，本节通过特征匹配技术在第三步优化中引入了影像一致性约束。虽然一些特征匹配算法比较复杂，但前一步的有限块数将大大减少匹配时间开销。在第三步优化中，将影像一致性约束化为匹配的数量，如下所示：

$$C_3(b,l_b) = \begin{cases} \text{Num}(b_1,b_2), & l_b=1 \\ 0, & l_b=0 \end{cases} \quad (6.9)$$

式中：C_3 为第三步优化中的成本项；Num 为计算块对 $\{b_1,b_2\}$ 之间匹配数的函数。在试验部分，使用 SIFT 描述符进行特征匹配。C_3 意味着具有更多匹配的块具有更高的被选择概率。

3）正则项

均匀分布的匹配往往会产生高精度的定向结果。因此，本书定义正则化项来实现图像块的匹配均匀分布。正则化项表示为图像块之间的中心距离，它鼓励选定的块彼此远离，表示为

$$D(b,d) = \sqrt{(x_b-x_d)^2+(y_b-y_d)^2} \quad (6.10)$$

式中：(x_b,y_b) 和 (x_d,y_d) 为块 b 和块 d 的中心坐标。

为了平衡代价项和正则化项的数量，本书还通过将正则化项除以图像的对角线长度来对正则化项进行规范化，这样可以把正则化项减少到 [0,1] 的范围。

6.3.1.3 试验与分析

1）试验数据

选用两对分辨率为 0.3m 的 WorldView-3 卫星和一对分辨率为 0.7m 的高分七号卫星的高分辨率卫星立体影像进行了试验。WorldView-3 卫星数据立体影像，区域一位于 Jacksonville 附近，成像时间分别为 2015 年 11 月和 2015 年 5 月，区域二位于 Omaha 附近[36-37]，成像时间分别为 2015 年 9 月和 2015 年 10 月。WorldView-3 影像均由情报高级研究计划局（IARPA）提供。高分七号立体影像位于西藏某区域，成像时间为 2021 年 3 月。三景卫星立体影像都有困难匹配区域，如图 6.8 所示，区域一有大面积的海水，区域二有明显的

农田变化，区域三有大面积的积雪，这将给特征匹配带来挑战。

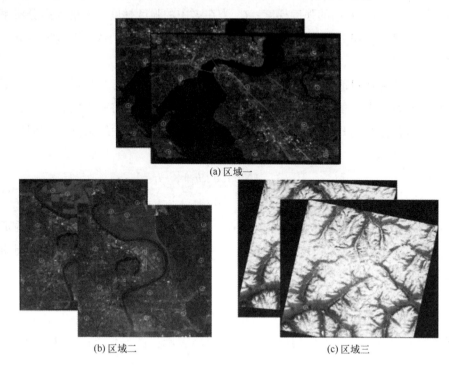

图 6.8 试验数据（见彩图）

为了评估所提方法的特征匹配精度，本书为每个影像对手工选取了 12 个匹配点作为检查点。在试验比较中，采用了 4 个指标来综合评价所提方法的性能，包括：①匹配时间 A_{time}；②内点数 A_{num}；③内点百分比 A_{per}；④定位精度 $A_{\text{orientation}}$。匹配时间度量 A_{time} 衡量了整个匹配过程的时间成本，包括块选择过程和特征匹配过程，可以评价不同匹配算法的效率。内点数量 A_{num} 通过计算它们到相应核线的距离，从特征匹配结果中找到内点数。距离小于 3pixel 的匹配点被选为内点。为了保证核线的几何精度，本文首先利用方位上的校核点，然后通过真实的方位结果计算核线。内点百分比度量 A_{per} 计算内点在整个匹配结果中的百分比，这表明特征描述符的鲁棒性。定位精度度量 $A_{\text{orientation}}$ 是所有检查点到核线的平均距离，核线是由所有匹配的方向结果推导出来的。$A_{\text{orientation}}$ 表示后续定位过程中所有匹配的实际性能。4 个指标的表达式如式（6.11）所示。此外，考虑到错误匹配，本书的定位过程采用了选权迭代法，可以增加内点的权重，减少错误匹配的权重。

$$\begin{cases} A_{\text{time}} = T_{\text{block}} + T_{\text{match}} \\ A_{\text{num}} = \text{NUM}(m \mid m \in M \cap \text{Epi}_{\text{check}}(m) < 3) \\ A_{\text{per}} = A_{\text{num}} / \text{NUM}(m \mid m \in M) \\ A_{\text{orientation}} = \text{AVG}(\text{Epi}_{\text{match}}(cp) \mid cp \in CP) \end{cases} \quad (6.11)$$

式中：T_{block} 为块选择优化的时间成本；T_{match} 为原始 GSD 中特征匹配的时间成本；M 为所有匹配点的集合；$\text{Epi}_{\text{check}}(m)$ 是 m 到核线的距离，由检查点的定位结果计算得出；NUM 为计算满足限定条件点数的函数；CP 是检查点的集合；cp 是 CP 中的任意一个检查点；$\text{Epi}_{\text{match}}(cp)$ 为 cp 到核线的距离，由 M 中匹配结果计算得出；AVG 为对满足一定条件的元素求平均值的函数。

2）试验结果与分析

试验 1 在 Omaha 数据上进行了测试，展示了所提方法的定位误差校正能力。试验 2 将本节提出的方法与其他先进方法进行对比，包括：①SIFT 匹配固定图像块（SFB）[35]；②SIFT 匹配所有图像块（SAB）[14]；③在特征描述符中考虑各向异性加权矩和绝对相位方向的异源图像匹配（HIM）[20]。本节利用所提出的方法筛选出最优块，然后应用 SIFT 在这些块中查找匹配项。

（1）定位误差分析试验。

由于 $I_2^{i'}$ 中的块是通过 $I_1^{i'}$ 中的块的前后投影得到的，因此块的选择结果取决于卫星立体影像的定位精度。较大的定位误差可能导致 $I_2^{i'}$ 出现错误块，与 $I_1^{i'}$ 不一致。为了减小定位误差的影响，在优化过程中加大了 $I_2^{i'}$ 中的块大小，以包含足够一致的图像信息。为了检验所提方法对定位误差的有效性，在图像尺寸为 43210×50471pixel 的 Omaha 数据上测试了所提方法的匹配结果。在 Omaha 数据的 RPC 中加入 0~1000m 的各种定位误差，并用 A_{num} 和 A_{per} 的度量对匹配结果进行评价，如图 6.9 所示。

图 6.9（b）显示，当定位误差小于 600m 时，内点数相似，验证了所提方法抗定位误差的能力。该方法将图像块大小设置为 2000×2000pixel，在三步优化过程中 I_2 的块大小是 I_1 的 3 倍。因此，该方法理论上可以校正 2000pixel 的定位误差。由于 Omaha 数据的 GSD 为 0.3m，因此本节方法对 Omaha 数据的无损定位误差修正最多为 600m。但当定位误差大于 600m 时，由于立体影像中的块对只有很小的重叠，内点数显著减少。这些非常大的定位误差（大于 600m）可以通过扩大 I_2 中的块尺寸来进一步修正。但扩大尺寸操作会增加时间成本，而且定位误差大于 600m 影像很少。因此，在三步优化过程中，仍然将块放大比设置为 3 倍。在图 6.9（b）中，由于 SIFT 的鲁棒性，因此 A_{per}

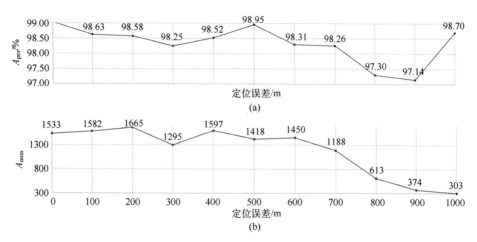

图 6.9　不同定位误差下的匹配结果

在所有定位错误的情况下都没有明显的差异，最大百分比为 98.95%，最小百分比为 97.14%。

（2）对比试验。

为了验证所提方法的有效性，将所提方法与其他方法进行了比较，包括：①SFB；②SAB；③HIM。本节分别对图像大小为 43210×50471pixel 的 Omaha 数据和图像大小为 42676×41249pixel 的 Tibet 数据进行了测试，并对其在 A_{time}、A_{num}、A_{per}、$A_{orientation}$ 等度量下的匹配结果进行了评估，如图 6.10（a）、(b) 所示。

从图 6.10 中 A_{time} 的图形可以看出，由于 SFB 和所提方法都只选择了少量的块进行匹配，因此 SFB 和所提方法的匹配时间要远远小于 SAB 和 HIM。SAB 和 HIM 方法在整个图像中都能找到匹配点，因此耗时较长。由于该方法的优化过程，所提方法的时间成本略高于 SFB。总体而言，该方法可在大型卫星影像中实现 75s 左右的低时间成本，比 SAB 和 HIM 方法至少快 22 倍和 58 倍。与 A_{time} 相反，SAB 和 HIM 都能比 SFB 和本节所提方法获得更多的匹配，因为这两种方法都能在整个图像中找到匹配，而不是在几个块中找到匹配。由于对几何和辐射畸变的鲁棒性描述子，HIM 方法找到了最多的匹配。虽然 SFB 和所提方法的块数相同，但由于其块选择优化，所提方法比 SFB 找到更多的匹配。图 6.10 的第三行显示了每种方法的内点比，其中 SFB、SAB 和所提出的方法具有类似的百分比，因为所有方法在匹配时都采用了 SIFT 描述符。虽然 HIM 方法的先验百分比最低，但其大量的匹配仍然可以保证下一个定位过程的鲁棒性。

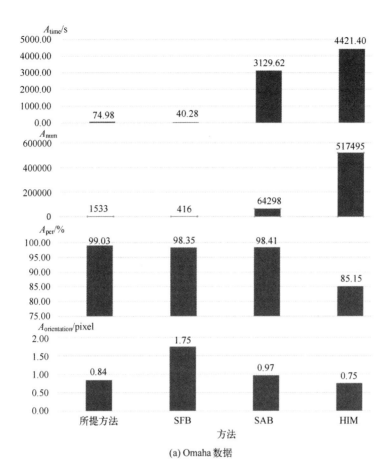

(a) Omaha 数据

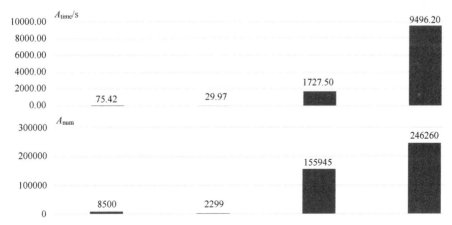

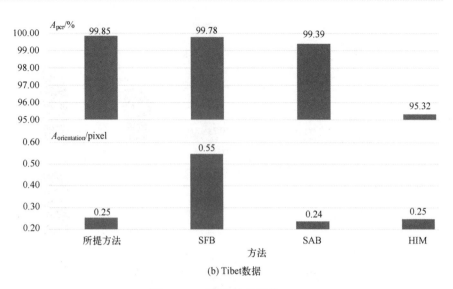

图 6.10 不同方法的评价

在 $A_{orientation}$ 图形中，SFB 的朝向精度最低，因为固定块中的匹配可能质量较低，如图 6.11（a）所示。图 6.11（a）中的第一行显示了 SFB 的匹配块，它只是以固定的间隔选择块。但是，这些块可能落在变化的区域（图 6.11（a）中 Omaha 数据左上方的块）和弱纹理区域（图 6.11（a）中 Omaha 数据右上方的块），从而提供低质量的匹配甚至错匹配。因此，SFB 的定向精度最低。该算法的平均精度为 0.545pixel，略高于 SAB 算法的平均精度 0.605pixel。考虑到 SAB 的内点数远远高于该方法，比较结果表明，定位精度并不完全依赖于内点数。该方法选取空间分布均匀、纹理信息丰富的最优图像块，如图 6.11（b）所示，可以匹配高质量的内点，以较低的时间成本实现精确定位。最终，该方法获得了最高的定向精度，平均为 0.50pixel，但其时间成本远高于所提方法。

3）结论

本节提出了一种基于能量函数优化的图像块选择方法，将图像匹配块选择转化为能量函数的三步优化，设计了一种贪心策略以获得较低时间代价的近似解，实现了高分辨率卫星立体图像鲁棒高效的匹配。与其他匹配方法相比，该方法在保持较高匹配精度的前提下，显著缩短了匹配时间。由于所提出的方法只涉及块的选择，因此除了 SIFT 之外，它还可以组合各种匹配描述符。

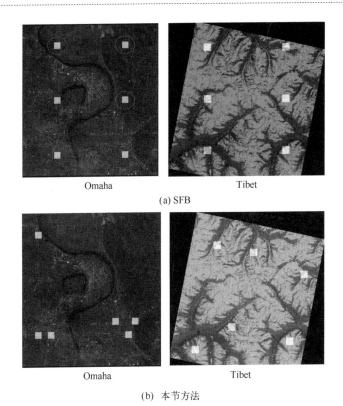

图 6.11 SFB 与本节所提方法的图像分块分布情况（见彩图）

6.3.2 RPC 全参数优化的区域网平差

由于卫星震颤、星历误差、星敏误差、卫星钟差等因素的影响，多视角卫星影像之间存在较为明显的几何交会误差，因而制约了高分卫星影像的智能空间应用。为了提升多视光学卫星影像之间的交会精度，传统方法通过在卫星影像有理函数模型（RFM）中添加系统误差补偿项，通过最小二乘平差解算系统误差补偿参数，从而消除 RFM 参数中的系统误差。不同的卫星平台采用不同的系统误差补偿项，WorldView 系列卫星、GeoEye 系列卫星等平台常采用基于常数项的系统误差补偿模型；而资源三号、高景一号等国产卫星常采用基于仿射项的系统误差补偿模型。其中：常数项补偿模型将几何系统误差表达为像方空间行、列方向的固定偏移，沿着像平面方向整体移动像点光线，达到空间最佳交会的目的[38-40]；仿射项补偿模型将几何系统误差表达为像方空间的仿射变换，能够解决复杂线性系统误差[40-46]。但是，受卫星震颤、星载镜头畸变等复杂的非线性因素的影响，仅靠常数项和仿射项补偿模型难以进一步提升部分卫星数据的区域网平差精度。由于商业卫星均可能存在非线性系统误差，如资源三号卫星、Pleiades 卫星、WorldView 卫星等[47-50]，因此需要设计更加复杂的系统误差补偿模型，以进一步提升卫星 RFM 参数的精度。

针对此类更加复杂的非线性系统误差，部分学者采用后验估计的方式，设计了非线性系统误差补偿函数。Wang 和 Pan 等[51]设计了基于正弦函数的系统误差补偿项，用于校正资源三号卫星的非线性系统误差；Cao 等[52]采用三次样条曲线作为系统误差补偿项，校正资源三号卫星的非线性系统误差；童小华等[53]设计了分段三次函数，以校正国产卫星的非线性系统误差；Cao 等[54]从 RFM 中推导出等效几何模型，用于校正资源三号卫星、天绘一号卫星、WorldView-2 卫星、Pleiades 卫星等数据中的非线性系统误差；Zhang 等[55]设计了二次函数，用于校正资源三号 02B 卫星中的非线性系统误差。由于各个卫星的非线性系统误差无统一变化规律，因此难以设计满足所有卫星系统误差补偿需求的数学模型。针对卫星数据中存在的非线性系统误差问题，一个较好的解决方式是将 RFM 参数本身作为平差基元，直接通过最小二乘平差优化 RFM 参数，从而避免了系统误差补偿模型的设计。但是，RFM 参数较多（78 个），参数之间存在严重的相关性，若将所有 RFM 参数参与平差，会导致平差模型法方程的病态化，从而难以获得精确的平差结果[56-58]。

为了解决多视卫星数据之间的系统误差，本节提出一种基于先验软约束的 RFM 参数直接平差优化方法，具体包括常数项、仿射项以及全参数直接优化方法。该方法将原始 RFM 参数作为先验信息，设计先验信息软约束方程，加入平差模型中，避免了传统的非线性系统误差补偿模型设计，同时能够有效解决方程病态问题，获得稳定的卫星影像区域网平差结果。试验结果表明，对于多视角异轨卫星数据可以有效补偿复杂的系统误差，明显提升区域网平差的精度。

6.3.2.1 基本原理

传统卫星影像 RFM 优化方法认为卫星影像的几何定位误差多为系统误差，并在 RFM 中添加系统误差补偿项来校正卫星定位误差，如式（6.12）所示。通常采用的系统误差补偿模型包括常数项模型和仿射项模型。其中，常数项系统误差补偿模型多用于国外 WorldView、Pleiades 等商业卫星数据的几何校正；仿射系统误差补偿模型多用于国产高分辨率卫星数据（如高景一号、高分七号、资源三号等）的几何校正。

$$\begin{cases} V_l = \text{Den}_l(U,V,W) \cdot \Delta l + (l - \text{Line\_off}) \cdot \text{Den}_l(U,V,W) - \\ \qquad \text{Line\_scale} \cdot \text{Num}_l(U,V,W) \\ V_s = \text{Den}_s(U,V,W) \cdot \Delta s + (s - \text{Samp\_off}) \cdot \text{Den}_s(U,V,W) - \\ \qquad \text{Samp\_scale} \cdot \text{Num}_s(U,V,W) \end{cases} \quad (6.12)$$

式中：V_l 和 V_s 分别表示影像行方向和列方向的误差方程；Δl 和 Δs 分别表示行、列方向的系统误差改正项，通常有仿射项模型和常数项模型等形式；Den_l、Den_s、Num_l 和 Num_s 分别表示 RFM 的分子、分母；U、V、W 表示归一化的经纬度和高程坐标；Line_off、Line_scale、Samp_off 和 Samp_scale 分别表示像方坐标的归一化系数；l 和 s 表示影像的行、列坐标。

传统的 RFM 优化方法通过添加系统误差补偿项的方式（常数项或者仿射项），实现卫星成像参数的几何校正。对于多视角卫星，卫星影像系统误差的成因更为复杂。已有研究表明：受到卫星颤震等复杂因素的影响，单纯的常数项模型和仿射模型已经无法完全补偿卫星的几何定位误差。虽然设计复杂的高阶系统误差补偿函数，也许能在部分卫星数据上取得较好的定位精度，但是不同卫星的系统误差存在区别，很难设计统一的模型来补偿所有卫星的系统误差。与传统方法不同，本节通过直接优化部分或者全部 RFM 参数，同样达到系统误差校正的目的。这里比较分析三种 RFM 参数的直接优化方法：①优化 RFM 参数中的常数项参数，而其他参数固定不变，即仅仅优化 RPC 参数中的 a_1 和 c_1 两个参数（b_1 和 d_1 一般默认为 1）；②优化 RFM 参数中的经纬度、高程一次项参数，而其他参数固定不变，即仅仅优化 RPC 中的 a_1、a_2、a_3、a_4、c_1、c_2、c_3、c_4、b_2、b_3、b_4、d_2、d_3、d_4 14 个参数（优化 RFM 分子和分母的仿射项）；③优化 RFM 中的全部参数（78 个参数）。

但是，如果参与平差的参数过多，有可能会导致平差法方程病态。为了解决病态问题，本书引入 RFM 先验信息约束，突破病态方程求解技术，最终获得亚像素级的区域网平差结果。该方法以部分或者所有 RFM 参数作为模型未知数，以自动匹配的同名像点作为观测值，以同名点和反投影点之间距离的平方和为平差精度指标，引入先验信息约束，构建平差的全局能量函数，表达式为

$$\min E(C) = \sum_P \sum_{I_P} \|(x_{I_P}, y_{I_P})^T - \mathbf{RFM}(P, C_{I_P})\|_2 + \mathbf{W} \cdot \sum_I \|C_I - C_I^0\|_2$$

(6.13)

式中：C 表示待优化 RFM 参数构成的集合；E 表示目标函数；P 表示物方加密点；I_P 表示对于加密点 P 的可见影像；x_{I_P}, y_{I_P} 表示加密点 P 在影像 I_P 上的像点坐标；$\mathbf{RFM}(P, C_{I_P})$ 表示根据 RFM 参数 C_{I_P} 和加密点 P 物方坐标，计算对应的反投影点的像点坐标；C_I^0 表示影像 I 的 RFM 参数的先验信息，一般可通过卫星影像配套的 RPC 文件获得；W 表示全局能量函数的权值，用于平衡两个约束项对于平差结果的贡献，W 越大，则平差结果越接近初值，方程越稳定，但是系统误差补偿能力越低，W 越小，则系统误差补偿能力越强，但是方程会趋于病态，导致平差精度降低。因此，需要选择一个合适的权值 W，在具有足够的系统误差补偿能力的基础上，保证平差方程的稳定性。

6.3.2.2 误差方程构建

式（6.13）的全局能量函数表明：模型最优解应该一方面使得像点和反投影点之间的距离最小，另一方面又不能偏离原始 RPC 参数太远。因此，能量函数由投影误差项和先验约束项组成。其中，投影误差项（函数第一项）是传统摄影测量范畴内的最小二乘项，表示采用平差后的 RPC 参数，其投影点坐标尽量接近原始匹配点坐标，从而表示较高的空间交会精度。为了避免法方程病态问题，同时避免无控平差后卫星定位的"自由漂移"，在传统平差目标函数的基础上，本节引入了先验信息约束项（函数第二项）。该项通过适当限制平差结果与初值之间的距离，使得平差结果在初值附近进行微调优化，从而极大提升平差方程的鲁棒性。

全局能量函数的最优解即为式（6.13）的极值解，可以转化为如下方程：

$$\begin{cases} V_{xy} = (x_{I_P}, y_{I_P})^T - \mathbf{RFM}(P, C_{I_P}) \\ \approx \dfrac{\partial \mathbf{RFM}(P, C_{I_P})}{\partial C_{I_P}} \Delta C_{I_P} + \dfrac{\partial \mathbf{RFM}(P, C_{I_P})}{\partial P} \Delta P - (\mathbf{RFM}(P, C_{I_P}^0) - (x_{I_P}, y_{I_P})^T) \\ V_C = C_I - C_I^0, \quad W \end{cases}$$

(6.14)

式中：V_{xy} 表示列和行两个方向的残差，是由能量函数的第一项求极值获得。由于 RFM 模型是分式非线性方程，因此需要根据初值，对残差方程 V_{xy} 进行一阶泰勒展开，从而转化为线性方程。V_C 表示先验模型约束的残差项，是由能量函数的第二项求极值获得。V_{xy} 和 V_C 分别是独立的误差方程。其中：V_{xy} 用于衡量平差后反投影点和原始像点之间的距离残差；V_C 表示平差后 RFM 优化结果与 RFM 参数初值之间的残差。W 表示误差方程 V_C 的权值，用于平衡两个约束项对于平差结果的贡献。为了获得高精度的区域网平差结果，必须合理设置权值 W。后续试验将尝试多种 W 取值，根据检查点分析不同 W 所对应的平差精度，并选择一个最优 W 值，用于后续所有的平差对比试验。最后，联立误差方程 V_{xy} 和 V_C，定义误差方程 V_{xy} 的权值为 1，定义误差方程 V_C 的权值 W，采用最小二乘思想，求解式（6.14），获得最优的 RFM 参数。

6.3.2.3 试验与分析

1) 试验数据

该组数据集是阿根廷首都布宜诺斯艾利斯地区的 WorldView-3 多视卫星影像数据集，一共包含 11 张卫星立体影像，空间分辨率约为 0.3m，像幅大小约为 43209×47549pixel，拍摄时间分别为 2015 年 1 月、3 月、4 月、9 月、10 月和 11 月。为了对比验证本书算法与传统系统误差补偿算法之间的精度，本书在该组数据集中人工手选了 9 对均匀分布的、高精度的同名点作为检查点，其分布如图 6.12 所示。

图 6.12 布宜诺斯艾利斯数据集

2) 精度评定指标

为了验证算法实际精度，本书在多个卫星数据集中，人工选择若干高精度匹配点作为检查点。根据平差优化的 RFM 参数，通过前方交会获得检查点的三维坐标；然后将三维坐标反投影至原始卫星影像，获得反投影像点；计算检查点与对应的反投影点之间的距离。统计这些距离的中误差，作为评定平差精度的指标。平差精度指标为

$$\text{Acc}_{\text{abs}} = \sqrt{\frac{\sum_c |c_0 - c_{\text{RFM}}|^2}{(n-1.5)}} \quad (6.15)$$

式中：Acc_{abs} 表示平差结果的绝对精度评定指标；n 表示检查点数目；c 表示检查点集合；c_0 表示检查点对应的原始像点；c_{RFM} 表示检查点所对应的反投影点；分母中的数字1.5表示必要观测数。

3）试验结果

为了验证算法的正确性和有效性，采用上述实际的多视角卫星数据集进行 RFM 优化平差试验，对比分析了传统仿射补偿模型的区域网平差方法、传统常数项补偿模型的平差方法、RFM 全参数直接优化、RFM 仿射项直接优化方法和 RFM 常数项直接优化方法。其中，RFM 仿射项直接优化方法是对 RFM 中的常数项和一次项进行优化，RFM 常数项直接优化方法是对 RFM 中的常数项进行优化，而 RFM 全参数直接优化则是对 RFM 模型中的所有参数进行优化。

为了减少特征匹配时间，这里通过分块匹配来获取不同数量的同名点。分块匹配数量分别设置为 2×2、3×3、4×4 和 5×5。匹配块大小均为 2000×2000pixel。在不同匹配块的数目下，同名点的数目依次为 79237、161585、264015、393360。五类平差方法的绝对精度如图6.13所示。

从图6.13可以看出，当匹配点较少（分块匹配数为 2×2 时），RFM 全参数直接优化方法的平差精度最低。这是因为 RFM 全参数直接优化方法的模型参数较多，在匹配点较少时容易出现过拟合问题；而传统常数项补偿模型、传统仿射补偿模型、RFM 仿射项直接优化方法和 RFM 常数项直接优化方法的参数较少，不容易出现过拟合问题，因此在匹配点较少时能够取得更高的区域网平差精度。但是，当匹配块数目不低于 3×3 时，RFM 全参数直接优化方法始终能够取得最高的平差精度，其平均平差精度比传统常数项补偿模型、传统仿射补偿模型、RFM 仿射项直接优化方法和 RFM 常数项直接优化方法分别高 37.2%、30.3%、27.2% 和 35.7%。这是因为 RFM 全参数直接优化方法具备复杂系统误差补偿能力，因此更适合多视异轨影像的区域网平差。值得注意的是，在本次实验中，2×2 的匹配块已经能提供 79237 对同名点，而 RFM 全参数直接优化方法仍然出现过拟合问题。这是因为 79237 对同名点是所有立体像对的匹配点总数。11 张影像共组成 55 组立体影像，每个立体像对的匹配点分布极不均匀。匹配点最少的像对仅有 55 个匹配点，而最多的像对有 24269 个同名点。将所有像对的同名点按照从小到大排序，如图6.14所示。

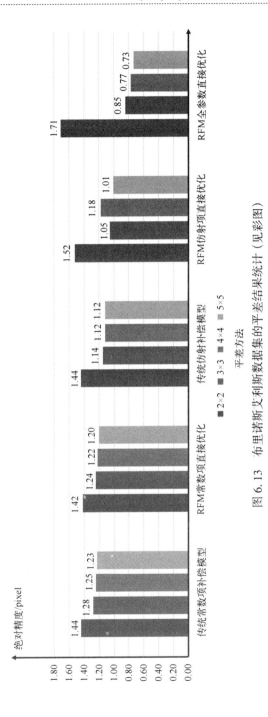

图 6.13　布里诺斯艾利斯数据集的平差结果统计（见彩图）

图中，红线左侧表示匹配点数小于 1000 的立体像对，而右侧表示匹配点数大于 1000 的立体像对。

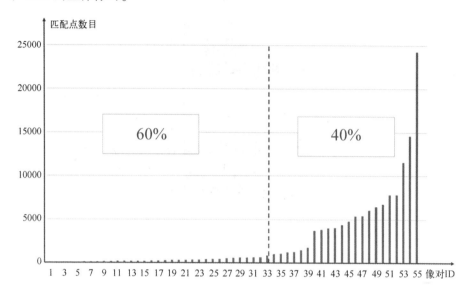

图 6.14 匹配点数目分布图（见彩图）

从图 6.13 可以看出，当分块数目为 2×2 时，大部分立体像对（60%）的同名点数不足 1000，甚至有 26 组立体像对的匹配点数在 500 以下。因此针对这些匹配点较少的影像，采用 RFM 全参数优化方法会产生过拟合问题，从而导致较低的平差精度。

此外，RFM 常数项直接优化方法的平差精度略高于传统常数项补偿模型，但是提升不明显，平均精度提升仅有 2.2%。当匹配块数目大于 3×3 时，RFM 仿射项直接优化方法的精度略高于传统仿射补偿模型，但是仍然提升不明显，平均精度提升仅有 4.4%。通过对比可以看出，在多时相多视异轨卫星数据的平差中，针对 RFM 参数中的常数项和一次项的直接优化方法，其精度略高于传统的常数项补偿模型/仿射补偿模型的精度。

4) 试验分析与总结

布宜诺斯艾利斯地区的多视角卫星数据的试验表明：传统仿射项补偿模型的平差精度略低于 RFM 仿射项直接优化方法，但是两者精度无本质差异。与传统仿射项补偿模型、传统常数项补偿模型、RFM 仿射项直接优化方法和 RFM 常数项直接优化方法相比，本书提出的基于先验信息约束的 RFM 全参数直接优化方法具有更强的系统误差补偿能力，在匹配点数目充足的情况下，能够在三个数据集中均取得最高的平差精度，因而特别适合异轨卫星数据的平差。但是，RFM全参数直接优化方法对匹配点的数量有一定的要求，当匹配点数量较少的时候，存在过拟合问题。因此，在匹配点数量较少的情况下，仍然是采用传统补偿模型为宜；在匹配点数量较多的情况下，则采用RFM全参数直接优化方法能够取得最高的平差精度。

针对多视异轨卫星数据之间复杂的系统误差补偿问题，不同于传统的卫星影像系统误差补偿模型方法，本节首次实现了RFM参数直接优化的平差方法，同时优化解算所有或者部分RFM参数，能够补偿更复杂的系统误差；提出了一种基于先验信息约束的平差方法，能够解决法方程病态问题，获得亚像素级的平差结果。试验结果表明：RFM全参数直接优化方法具有更强的系统误差补偿能力，在匹配点数目充足的情况下，能够在三个数据集中均取得最高的平差精度，因而特别适合多视角卫星数据的平差处理。但是，RFM全参数直接优化方法对匹配点的数量有一定的要求，当匹配点数量较少的时候，存在过拟合问题。后续将根据不同参数的阶数设置不同的权值，设计更为稳健的RFM全参数平差优化，从而能够提高全参数平差模型的实用性。

6.3.3 立体像对的优化选择

对多视角卫星影像三维重建，通常采用如下成像模式：相邻三条轨道三视立体（通常称为三像对）附加沿着轨道方向前后拍摄的两景单片影像，共11景影像。这11景影像两两之间可以构成立体，如果没有任何约束，则有55种立体像对的组合。多视角光学遥感卫星影像三维重建的时间、精度和完整度与立体像对的数量紧密相关。如果立体像对数量过多，可能重建的完整度较好，但是三维重建会花费大量的时间，并且质量较差的立体像对会影响三维重建精度的效果。如果像对数量过少，可以减少计算量，但无法充分发挥多视角卫星影像的信息优势，无法确保重建的完整性和精细程度，影响三维重建的效果。现有的立体像对优化选择主要是针对多视角航空影像，主要基于传统交会角的方式进行立体像对的选择。多视角航空相机通常附带5个不同角度的镜头：一个垂直下视、四个前后左右各侧摆45°的镜头，在立体像对构成中，通常采用同一镜头的两幅影像构成立体，它们摄影角度基本一致，辐射和几何特性基本一致，重叠度、交会角基本固定不变。因此单纯利用交会角的优化选择就能满足实际的应用需求。多视角卫星影像立体像对的构成，可能是同轨的两幅影像,也可能是异轨的两幅影像,还有可能是两种不同类型卫星影像,它们之间差别比较大,包括重叠度、辐射和几何差异以及交会角度等因素。这些因素都会对后续的三维重建造成影响。为了寻找出质量较好的立体像对,兼顾处理效率和三维重建效果,以满足三维重建对影像数据的实际需求。本书设计了一种最优立体像对自动选择技术,能够从多视角卫星影像中选择适合匹配的立体像对,在保证重建精度和重建完整度的同时,显著缩短三维重建时间。

针对卫星影像立体像对的优选问题,本节设计了一种多视角卫星影像立体像对优化选择方法,将重叠度、交会角、匹配特征点数量作为评价度量引入卫星像对优化选择中,构建了完善的两级三类优化选择策略:两级包括整景影像和测区分块两种尺度,三类策略包括影像重叠度、交会角和特征匹配数量的评价策略。该方法能够综合考虑匹配效果和交会精度的要求,在整景影像优化选择的基础上,考虑测区分块的实际覆盖情况,在更小的测区影像块范围内实现立体像对的二次精选排序,得到针对每个测区分块对应的若干优化像对组合,在保证重建精度和完整度的同时,显著缩短了三维重建时间。主要过程如图 6.15 所示,输入若干景卫星影像,首先基于影像重叠度进行像对筛选,其次基于交会角和特征匹配数量进行优化初始排序,最后基于物方测区分块进行像对优化精选排序,输出结果是针对每个测区分块对应的若干优化像对组合。

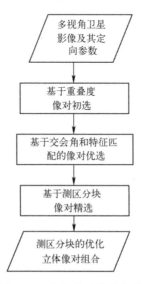

图 6.15 立体像对筛选流程

1) 基于重叠度的像对初选

在多视角卫星大范围三维重建的情况下，随机组合的立体像对，可能重叠少或者没有重叠。为了实现快速立体像对选择，需要排除一些无重叠或重叠比较少的像对。首先需要计算任意两幅影像之间的重叠度，根据重叠度的阈值，快速获取一系列具有重叠度的初始立体像对。输入若干景卫星影像，计算任意两幅影像之间的重叠度，根据重叠度的阈值，筛选出一系列重叠度大于阈值的初始立体像对。

2) 基于交会角和特征匹配数量的像对优选

特征匹配点数目反映两景影像特征匹配的效果。交会角在基线确定的情况下，直接决定了基高比的大小。这两者都与最终的三维重建效果有直接关系。特征匹配点数量多，会提升三维重建的完整度；适当的交会角能够提升交会图形的稳健性，提升三维重建的精度。因此本节重点采用立体像对交会角和特征匹配点数目，作为判断像对质量的重要依据，并根据交会角和特征匹配点数目，设置一定的评价机制为每一组立体像对打分进行优化初始排序，使得选择出的像对质量更高。

3) 基于测区分块的像对精选

卫星影像覆盖范围比较大，考虑后续实际并行处理的需要，在获取精细完整的三维模型过程中，需要将整个测区进行物方的分块处理。考虑同一景立体像对中，不同立体影像块的交会角是有差异的，另外整景立体影像的特征匹配点数量也不能代表不同的立体影像块间的匹配情况。首先根据物方的分块区域寻找对应的不同景卫星影像的若干立体影像块，然后统计分析不同立体影像块之间特征匹配的数量和交会角，最后根据排序规则对每一块物方区域计算出其对应的若干最优立体像对。

6.3.4 卫星影像的水平纠正

倾斜卫星影像同水平影像相比，除了有因地形起伏带来的几何变形外，也有因像片倾斜带来的几何变形。这种倾斜误差引起的几何变形将会明显影响后续处理的效果，在航空摄影测量中，一般需要将倾斜像片转换为等比例尺的等效水平影像。针对多视角大倾斜的线阵卫星影像，采用了一种倾斜像片到水平像片的转换方法，具体方法参见第 2 章。这种方法在借鉴传统航空倾斜像片纠正理论的基础上，将倾斜像片上像点投影到物方的水平承影面上；然后在物方的水平承影面上根据原始倾斜像片的地面采样间隔进行重采样，即可获取卫星影像的水平影像。这种方法生成的水平像片与倾斜像片相比，几何变形较小，有利于后续的几何处理。

6.3.5 分块核线影像生成

多视角卫星数据源分辨率通常优于 0.5m，更高的可以达到 0.3m 甚至 0.15m，固定视场角情况下，分辨率越高，则像幅越大。在这种条件下，核线近似成直线处理通常会带来较大的拟合误差，而若采用多个线段处理，则需要记录各个线段的参数给后续处理带来的额外计算量。从核线生成的角度，采用分块生成核线，可以直接对分块的影像采用直线方式拟合曲线，减少计算的复杂性，同时减少直线近似带来的误差。从并行处理的角度，可以把分块后的核线影像作为并行处理最小单元，直接进行颗粒度更小的并行处理，以提高并行效率。另外从后续 SGM 匹配的角度，将整条核线作为视差的搜索范围是不可行的，而利用影像分块策略可以减小半全局匹配时的初始视差搜索范围，进而提高计算效率。具体方法参见第 3 章。

6.3.6 线特征约束的 SGM 密集匹配

立体影像密集匹配技术常用固定窗口来寻找同名点，并根据同名光线对应相交的原理，计算出目标的三维信息，具有成本低、分辨率高、重建范围大等优势。但是，在建筑物边缘区域，由于遮挡等因素影响，固定匹配窗口的匹配精度往往较低，且会对建筑物边缘进行一定程度上的外扩。为了获取高精度的建筑物边缘重建结果，这里采用一种基于线特征的建筑物边缘全局优化方法，具体方法参见第五章。该方法首先将密集匹配结果中的视差/高程阶跃区域的线特征定义为建筑物的边缘，然后假设局部灰度相近的像点，其视差/高程往往也是相近的约束，按照此约束条件将建筑物边缘优化问题，转化为一个新的全局能量函数的最优解计算问题，能够在优化建筑物边缘的同时，保留建筑物附近的地形地貌，不仅解决了局部边缘锐化算子无法解决较大边缘误匹配的问题，而且解决了最新的缓冲区全局优化算法强行抹平地面的问题。试验结果表明：本文算法明显优于目前局部边缘锐化算子和一种新的基于平面拟合的边缘优化算法，能够有效减少建筑物边缘的误匹配像点。

6.3.7 纹理映射

纹理映射过程是将二维图像映射到三维几何模型的过程。由于多视角卫星影像来源有同轨不同角度的卫星影像,也有异轨不同角度的卫星影像,它们之间存在比航空多视角影像更为显著的辐射差异(色彩和灰度差异),因此纹理映射的关键是给每个三角形面选择合适的视图影像。纹理图像来源不同,相邻的三角形面片势必存在辐射差异,形成明显的拼接缝,因此需要做匀光匀色处理以消除纹理缝隙,实现更好的可视化效果。具体算法流程如图 6.16 所示,输入参数为目标的三角面模型及对应的卫星影像及其定向参数,全自动实现无缝的纹理映射[59]。

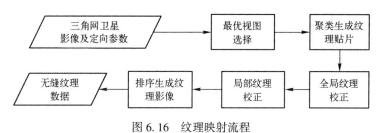

图 6.16 纹理映射流程

(1)纹理数据获取。通过影像,重建目标的表面三角面格网,包括三角面格网数据和对应的影像及其定向参数。

(2)最优视图的选择。利用影像的定向参数计算每个三角面的可见影像集,从中选择最优视图作为纹理影像。视图选择是纹理映射的关键一步,该步骤的主要目的是针对每一个三角面选择一个合适的纹理影像源。在这个影像视图上,该三角面必须可见,并且该视图可以看见三角面的正面,通常该三角面的法线方向接近于平行影像的视线方向。最优视图的选择问题可以转化为如下的能量函数最优化问题。

$$\text{Energy}(Y,X) = \sum_{i} \text{DataCost}(y_i, x_i) + \sum_{j=i\text{的邻域}} \text{SmoothnessCost}(x_i, x_j)$$

(6.16)

上述能量函数描述了给定全部三角面 Y 和视图 X 的代价值。目标是找到产生代价最小的 X 组合。代价项的选择可以是三角面映射到影像上的面积大小、视线与三角面法线的夹角以及三角面映射部分的梯度大小等。实际执行过程中,考虑到拼接缝的问题,应当尽可能为相邻的三角面选择同一个视图影像,因此这里的平滑项表示施加的惩罚函数,可以直接规定选择同一视图的为 0,否则为 1。求解上述能量函数即可实现纹理映射的最佳视图选择。

(3)三角面聚类生成纹理贴片。根据三角面的最优纹理影像以及三角面的邻域拓扑关系，在考虑到处理效率的同时尽量减少不同视图组合产生的拼接缝，需要将三角面聚类生成若干参考影像纹理贴片。

(4) 全局纹理校正。不同纹理贴片所映射的视图影像是不同的，同一物体在不同视角下的成像受到光照条件等因素的影响呈现出不同的色彩信息，因此将不同视角下的纹理贴片直接拼接在一起肯定会产生不连续的效果，从而产生影像缝隙。因此需要通过调整相邻纹理贴片的像素颜色使其更接近，以淡化不连续性消除影像之间的缝隙。该过程可以采用如下的目标优化函数：

$$J = \min_{g} \sum_{v \in \text{seams}} (f_{v\text{left}} + g_{v\text{left}} - (f_{v\text{right}} + g_{v\text{right}}))^2 + \min_{g} \sum_{v_i, v_j \text{相连}} (g_{v_i} - g_{v_j})^2 \tag{6.17}$$

式中：seams 表示相邻两个纹理贴片；$f_{v\text{left}}$ 和 $f_{v\text{right}}$ 表示同一顶点 V 在相邻两个纹理贴片的颜色；$g_{v\text{left}}$ 和 $g_{v\text{right}}$ 表示对应顶点的颜色调整值；g_{v_i} 和 g_{v_j} 表示同一个纹理贴片两个相邻顶点的颜色调整值，其考虑的是同一纹理贴片中两个相邻顶点的颜色调整值相差多大，若相差过大，则容易引起纹理贴片内部的颜色异常。公式中第一项确保颜色调整后拼接缝相邻顶点的颜色尽可能相似，第二项主要用于约束同一纹理贴片的相邻顶点颜色改正值的大小。

利用该方法可以将全部纹理贴片的所有拼接缝纳入一个统一的优化函数中，最终一次性得到所有顶点的颜色调整值，因此称为全局纹理校正。针对上述目标优化函数，可以采用共轭梯度法求解。

(5) 局部纹理校正。由于全局纹理校正，可以总体上淡化所有的缝隙，但并不能消除局部的接缝，因此需要在接缝处附近进行局部的颜色校正使得纹理贴片之间过渡自然，这里使用泊松融合来消除拼接缝。泊松融合是图像处理领域常用的无缝融合两张图像的方法，其核心思想是利用源图的梯度信息，结合目标图像的边界信息重新构建图像像素，将两者融合起来。实际执行中，通常是将相邻纹理贴片对应的纹理图像，一个作为源图，一个作为目标图像，来调整目标图像区域的边界像素颜色，为考虑运行效率，仅对目标图像边界处的像素执行颜色调整，而非对整个贴片纹理图像执行。最终的纹理校正对比结果如图 6.17 所示。

(6) 纹理贴片自动排序生成纹理影像。对生成的纹理贴片按照大小进行排序，生成包围面积最小的纹理影像，得到每个三角面的纹理映射坐标。

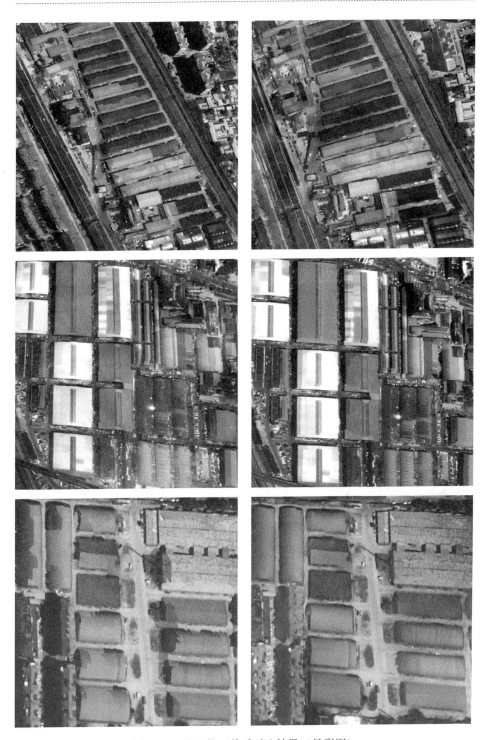

图 6.17 纹理校正前后对比结果（见彩图）

6.4 三维重建试验与分析

6.4.1 试验数据

为了验证算法的有效性,本节采用 WorldView3 和 Pleiades 两种商业卫星的多视角数据进行算法的试验。

1) WorldView3 卫星数据

该影像数据位于美国佛罗里达州 Jacksonville,获取时间为 2018 年,共有 24 景,如图 6.18 所示,为了保证精度,对 24 景数据进行了基于自由网的区域网平差,平差后检查点的像方反投影误差为 0.459pixel。

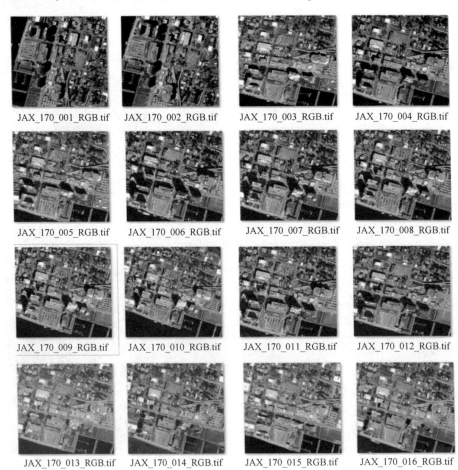

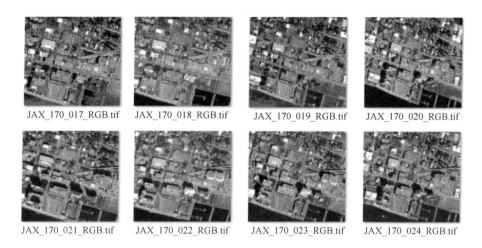

图 6.18　美国佛罗里达州测区数据示意图（见彩图）

2）Pleiades 卫星数据

该影像数据位于河北地区，获取时间为 2018 年 6 月至 9 月，如图 6.19、图 6.20 所示，采用像素工厂建议的标准 11 视影像，其中相邻三条轨道拍摄的三像对（三视立体，正反侧摆角度不超过 30°）和中间轨道获取两景单张影像，11 视影像获取时间间隔不超过 3 个月。为了保证精度，对 11 景数据进行了基于自由网的区域网平差，平差后检查点的像方反投影误差为 0.632pixel。

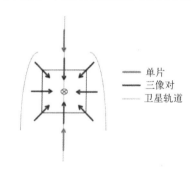

图 6.19　河北地区测区数据示意图（见彩图）

6.4.2　试验结果

1）WorldView3 卫星数据试验结果

试验本次试验共有 24 景影像，按照组合可以产生 552 个立体像对，实际上经过像对的优化选择，最终选择的立体像对共有 25 个。由于数据量比较大，本节对数据进行了裁剪，选择建筑物比较密集的一块区域进行试验。

图 6.20　河北地区测区数据缩略图（见彩图）

图 6.21 为某一像对生成的核线影像图，图 6.22 为该像对密集匹配生成的视差图，图 6.23 为该像对生成的点云数据，图 6.24 为点云融合数据，图 6.25 为点云构网纹理映射后的实景三维数据。

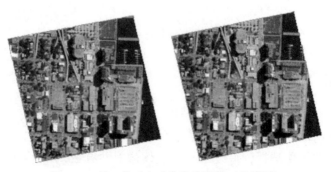

图 6.21　某一像对生成的核线影像（见彩图）

图 6.22　所选像对密集匹配生成的视差图（见彩图）

图 6.23　所选像对生成的点云数据（见彩图）

图 6.24　融合后点云数据（见彩图）

图 6.25 点云构网纹理映射后的实景结果（见彩图）

2）Pleiades3 卫星数据试验结果

本次试验共产生 11 景影像，按照组合可以产生 110 个立体像对，实际上经过像对的优化选择，最终选择的立体像对共有 25 个。由于数据量比较大，本书对数据进行了裁剪，选择建筑物比较密集的一块区域进行试验。图 6.26 为某一像对生成的分块核线影像图，图 6.27 为该像对匹配密集匹配生成的视差图，图 6.28 为该像对生成的点云数据，图 6.29 为点云融合数据，图 6.30 为点云构网纹理映射后的实景三维数据。

图 6.26 分块核线影像（见彩图）

第6章 多视角光学遥感卫星影像精细三维重建

图6.27 所选像对密集匹配生成的视差图（见彩图）

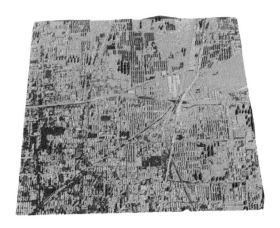

图6.28 所选像对生成的点云数据（见彩图）

图6.29 融合点云数据（见彩图）

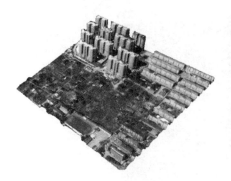

图 6.30　点云构网纹理映射后实景结果（见彩图）

6.4.3　分析与总结

本节针对多视角卫星影像数据，设计提出了一套完整的三维重建技术方法，并利用 WorldView3 和 Pleiades 两种商业卫星数据进行了试验，结果表明该算法能够较好地实现多视角卫星影像的三维重建。与传统的航空多视角三维重建相比，在全球范围的大场景三维重建方面有明显优势，但由于卫星影像的分辨率所限，重建精细程度可能无法满足地面细小目标的精细重建要求，同时由于卫星摄影角度的限制，建筑物等目标侧面纹理信息不够丰富。

参考文献

[1] 王之卓. 摄影测量原理 [M]. 北京：测绘出版社, 1979.

[2] 张永军, 张勇. 大重叠度影像的相对定向与前方交会精度分析 [J]. 武汉大学学报（信息科学版）, 2005, 30 (2)：126-130.

[3] 张剑清, 胡安文. 多基线摄影测量前方交会方法及精度分析 [J]. 武汉大学学报（信息科学版）, 2007, 32 (10)：847-851.

[4] 巩丹超. 多视角卫星影像三维重建关键技术及应用 [C]//第八届高分辨率对地观测学术年会, 北京, 2023.

[5] GONG D C, HUANG X, HAN YL. Efficient and robust feature matching for high-resolution satellite stereos [J]. Remote Sens., 2022, 14：5617.

[6] LOWE DG. Distinctive image features from scale-invariant keypoints [J]. Int. J. Comput. Vis., 2004, 60：91-110.

[7] BAY H, ESS A, TUYTELAARS T, et al. Speeded-up robust features (SURF) [J].

Comput. Vis. Image Underst, 2008, 110: 346-359.

[8] RUBLEE E, RABAUD V, KONOLIGE K G, et al. ORB: an efficient alternative to SIFT or SURF [C]//Proceedings of the 2011 International Conference on Computer Vision, Barcelona, Spain, 6-13 November, 2011.

[9] LEUTENEGGER S, CHLI M, SIEGWART R Y. BRISK: binary robust invariant scalable keypoints [C]//Proceedings of the IEEE International Conference on Computer Vision, Barcelona, Spain, 6-13 November, 2011.

[10] ALCANTARILLA P F, SOLUTIONS T. Fast explicit diffusion for accelerated features in nonlinear scale spaces [J]. IEEE Trans. Pattern Anal. Mach. Intell., 2011, 34: 1281-1298.

[11] KURIAKOSE E, VISWAN A. Remote sensing image matching using sift and affine transformation [J]. Int. J. Comput. Appl., 2013, 80: 22-27.

[12] TAHOUN M, SHABAYAYEK A E R, HASSANIEN A E. Matching and co-registration of satellite images using local features [C]//Proceedings of the International Conference on Space Optical Systems and Applications, 7-9 May, Kobe, Japan, 2014.

[13] ZHENG M, WU C, CHEN D, et al. Rotation and affine-invariant SIFT descriptor for matching UAV images with satellite images [C]//Proceedings of 2014 IEEE Chinese Guidance, Navigation and Control Conference, Yantai, China, 8-10 August 2014.

[14] TAHOUN M, SHABAYEK A E R, NASSAR H, et al. Satelliteimage matching and registration: a comparative study using invariant local features [M]. Switzerland: Springer International Publishing, 2016, 135-171.

[15] LI X X, LUO X, WU Y X, et al. Research on stereo matching for satellite generalized image pair based on improved SURF and RFM [C]//IGARSS 2020-2020 IEEE International Geoscience and Remote Sensing Symposium, Waikoloa, HI, USA, 26 September-2 October, 2020.

[16] KARIM S, ZHANG Y, BROHI A A. Featurematching improvement through merging features for remote sensing imagery [J]. 3D Res., 2018, 9: 1-10.

[17] CHENG L, LI M, LIU Y, et al. Remote sensing image matching by integrating affine invariant feature extraction and RANSAC [J]. Computers & Electrical Engineering, 2012, 38 (14): 1023-1032.

[18] SEDAGHAT A, EBADI H. Remote sensing image matching based on adaptive binning SIFT Descriptor [J]. IEEE Trans. Geosci. Remote Sens., 2015, 53: 5283-5293.

[19] YAO Y, ZHANG Y, WAN Y, et al. Heterologous images matching considering anisotropic weighted moment and absolute phase orientation [J]. Geomat. Inf. Sci. Wuhan Univ. 2021, 46: 1727-1736.

[20] XIANG Y, WANG F, YOU H. OS-SIFT: a robust SIFT-like algorithm for high-

resolution optical-to-SAR image registration in suburban areas [J]. IEEE Trans. Geosci. Remote Sens., 2018, 56: 3078-3090.

[21] CHEN J, YANG M, PENG C, et al. Robust feature matching via local consensus [J]. IEEE Trans. Geosci. Remote Sens., 2022, 60: 1-16.

[22] LI J, HU Q, AI M. 4FP-structure: a robust local region feature descriptor [J]. Photogramm Eng. Remote Sens., 2017, 83: 813-826.

[23] LIU Y X, MO F, TAO P J. Matching multi-source optical satellite imagery exploiting a multi-stage approach [J]. Remote Sens., 2017, 9: 1249.

[24] HUANG X, WAN X, PENG D. Robust feature matching with spatial smoothness constraints [J]. Remote Sens., 2020, 12: 3158.

[25] DETONE D, MALISIEWICZ T, RABINOVICH A. Superpoint: self-supervised interest point detection and description [C]//Proceedings of the IEEE Conference on Computer Vision and Pattern Recognition Workshops, Salt Lake City, UT, USA, 18-22 June, 2018.

[26] HE H, CHEN M, CHEN T, et al. Matching of remote sensing images with complex background variations via siamese convolutional neural network [J]. Remote Sens., 2018, 10: 355.

[27] YANG Z, DAN T, YANG Y. Multi-temporal remote sensing image registration using deep convolutional features [J]. IEEE Access, 2018, 6: 38544-38555.

[28] FAN D, DONG Y, ZHANG Y. Satellite image matching method based on deep convolution neural network [J]. Acta Geod. Cartogr. Sin., 2018, 47: 844-853.

[29] DONG Y, JIAO W, LONG T, et al. Local deep descriptor for remote sensing image feature matching [J]. Remote Sens., 2019, 11: 430.

[30] XU C, LIU C, LI H, et al. Multiview image matching of optical satellite and UAV based on a joint description neural network [J]. Remote Sens., 2022, 14: 838.

[31] LUO Q Y, ZHANG J D, ZHU L C, et al. Research on feature matching of high-resolution optical satellite stereo imagery under difficult conditions [C]//The 8th China Hight Resolution Earth Observation Conference (CHREOC), Beijing, China, 2023.

[32] XIONG J X, ZHANG Y J, ZHENG M T, et al. An SRTM assisted image matching algorithm for long-strip satellite imagery [J]. Remote. Sens., 2013, 17: 1103-1117.

[33] LING X, ZHANG Y, XIONG, J, et al. An image matching algorithm integrating global SRTM and image segmentation for multi-source satellite imagery [J]. Remote Sens., 2016, 8: 672.

[34] DU W L, LI X Y, YE B, et al. A fast dense feature-matching model for cross-track pushbroom satellite imagery [J]. Sensors, 2018, 18: 4182.

[35] LING X, HUANG X, ZHANG X, et al. Matching confidence constrained bundle

adjustment for multi-view high-resolution satellite images [J]. Remote Sens., 2020, 12: 20.

[36] BROWN M, GOLDBERG H, FOSTER K, et al. Large-scale public lidar and satellite image data set for urban semantic labeling [C]//Proc. SPIE Defense + Security, Orlando, Florida, USA, 15-19 April, 2018.

[37] SpaceNet on Amazon Web Services (AWS) [OL] [2018-10-15]. https://spacenetchallenge.github.io/datasets/datasetHomePage.html.

[38] OH J, LEE C. Automated bias-compensation of rational polynomial coefficients of high resolution satellite imagery based on topographic maps [J]. ISPRS Journal of Photogrammetry and Remote Sensing, 2015, 100: 14-22.

[39] KEQIANG X, SHAOMIN L, MENG X, et al. A satellite attitude determination method based on error compensation [C]//Proceedings of the 2021 IEEE 5th Advanced Information Technology, 2021.

[40] TEO T A. Bias compensation in a rigorous sensor model and rational function model for high-resolution satellite images [J]. Photogrammetric Engineering & Remote Sensing, 2011, 77 (12): 1211-1220.

[41] JIANG Y H, ZHANG G, CHEN P, et al. Systematic error compensation based on a rational function model for Ziyuan1-02C [J]. IEEE Transactions on Geoscience and Remote Sensing, 2015, 53 (7): 3985-3995.

[42] CHEN Y, YAN S, GONG J. Phase error analysis and compensation of GEO-satellite-based GNSS-R deformation retrieval [J]. IEEE Geoscience and Remote Sensing Letters, 2022, 19: 1-5.

[43] 刘军, 张永生, 王冬红. 基于 RPC 模型的高分辨率卫星影像精确定位 [J]. 测绘学报, 2006, 35 (1): 30-34.

[44] 刘军, 王冬红, 毛国苗. 基于 RPC 模型的 IKONOS 卫星影像高精度立体定位 [J]. 测绘通报, 2004 (9): 1-3.

[45] 张永生, 刘军. 高分辨率遥感卫星立体影像 RPC 模型定位的算法及其优化 [J]. 测绘工程, 2004, 13 (1): 1-4.

[46] 王海侠, 高飞, 胡小华. 基于 RPC 模型的 QuickBird 影像正射纠正研究 [J]. Modern Surveying and Mapping, 2010, 33 (6): 13-16.

[47] AMBERG V, DECHOZ C, BERNARD L, et al. In-flight attitude perturbances estimation: application to PLEIADES-HR satellites [C]//Proceedings of the Earth Observing Systems XVIII, 2013.

[48] JACOBSEN K. Problems and limitations of satellite image orientation for determination of height models [C]//International Archives of the Photogrammetry, Remote Sensing and

Spatial Information Sciences-ISPRS Archives 42 (2017), 2017.

[49] WANG M, FAN C, PAN J, et al. Image jitter detection and compensation using a high-frequency angular displacement method for Yaogan-26 remote sensing satellite [J]. ISPRS Journal of Photogrammetry and Remote Sensing, 2017, 130: 32-43.

[50] TONG X, LI L, LIU S, et al. Detection and estimation of ZY-3 three-line array image distortions caused by attitude oscillation [J]. ISPRS Journal of Photogrammetry and Remote Sensing, 2015, 101: 291-309.

[51] WANG M, ZHU Y, PAN J, et al. Satellite jitter detection and compensation using multi-spectral imagery [J]. Remote Sensing Letters, 2016, 7 (6): 513-522.

[52] CAO J, FU J, YUAN X, et al. Nonlinear bias compensation of Ziyuan-3 satellite imagery with cubic splines [J]. ISPRS Journal of Photogrammetry and Remote Sensing, 2017, 133: 174-185.

[53] 童小华, 叶真, 刘世杰. 高分辨率卫星颤振探测补偿的关键技术方法与应用 [J]. 测绘学报, 2017, 46 (10): 1500-1508.

[54] CAO H, TAO P, LIU Y, et al. Nonlinear systematic distortions compensation in satellite images based on an equivalent geometric sensor model recovered from RPCs [J]. IEEE Journal of Selected Topics in Applied Earth Observations and Remote Sensing, 2021, 14: 12088-12102.

[55] ZHANG Y, ZHENG M. Bundle block adjustment with self-calibration of long orbit CBERS-02B imagery [C]// Proceedings of the ISPRS Congress, Melbourne, Australia, 2012.

[56] FRASER C S, DIAL G, GRODECKI J. Sensor orientation via RPCs [J]. ISPRS Journal of Photogrammetry and Remote Sensing, 2006, 60 (3): 182-194.

[57] POLI D, TOUTIN T. Review of developments in geometric modelling for high resolution satellite pushbroom sensors [J]. The Photogrammetric Record, 2012, 27 (137): 58-73.

[58] ZHANG Y, LU Y, WANG L, et al. A new approach on optimization of the rational function model of high-resolution satellite imagery [J]. IEEE Transactions on Geoscience and Remote Sensing, 2011, 50 (7): 2758-2764.

[59] LI S H, XIAO X W, GUO B X, et al. Anovel openMVS - based texture reconstructionmethod based on the fully automatic planesegmentation for 3D mesh models [J]. Remote Sens., 2020, 12: 3908.

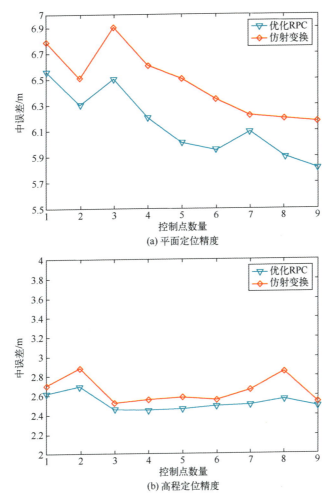

图 2.5 天绘一号卫星影像试验结果

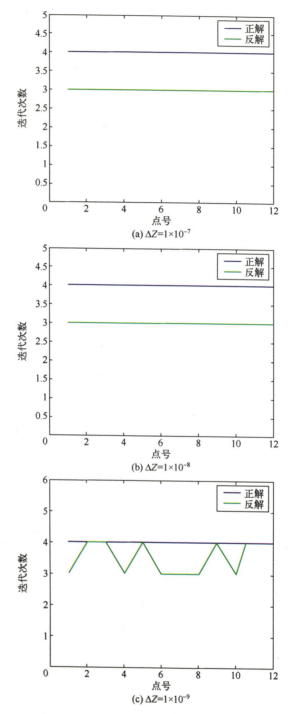

图 2.10 数据 1 不同迭代阈值的迭代次数

彩 2

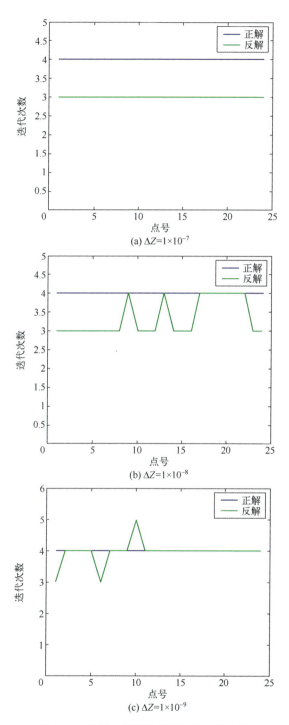

图 2.11 数据 2 不同迭代阈值的迭代次数

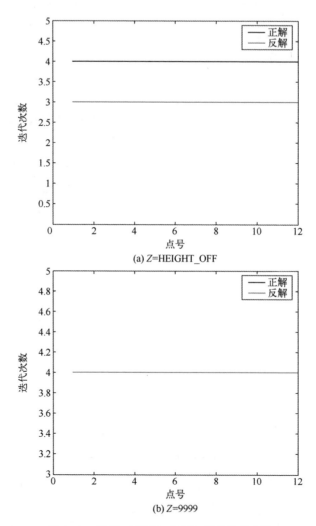

图 2.12 数据 1 不同 Z 坐标初值的迭代次数

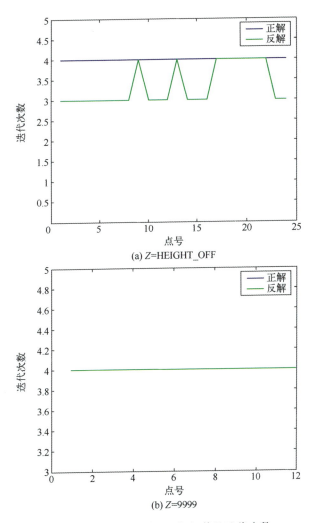

(a) Z=HEIGHT_OFF

(b) Z=9999

图 2.13 数据 2 不同 Z 坐标初值的迭代次数

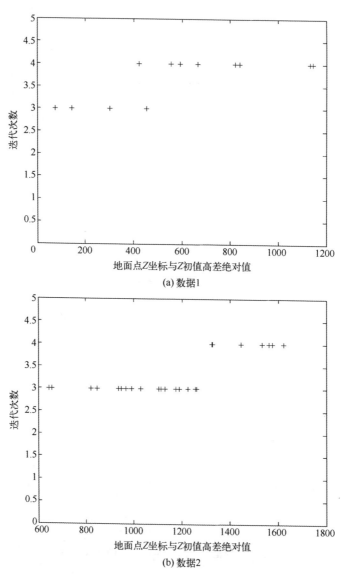

图 2.14 地面点 Z 坐标和 Z 坐标初值间高差与迭代次数关系

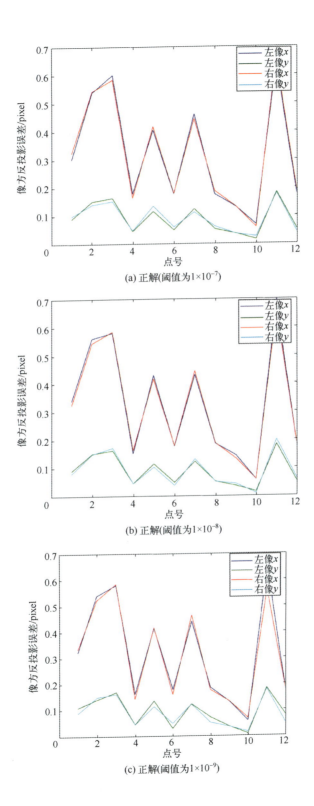

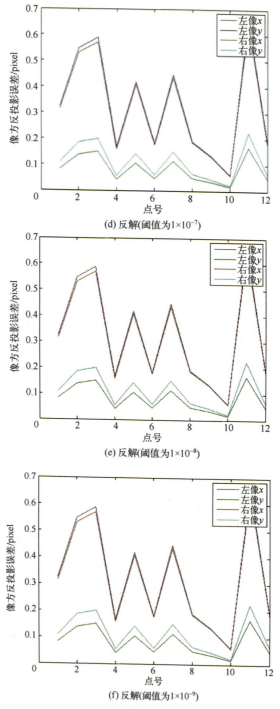

图 2.15 数据 1 不同阈值的像方反投影误差

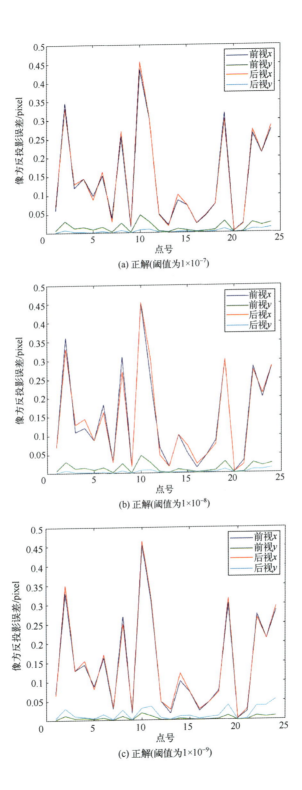

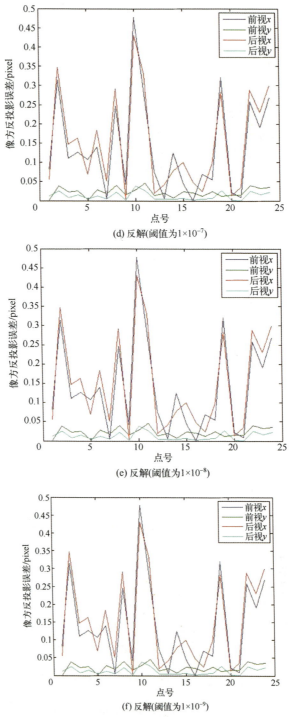

图 2.16 数据 2 不同阈值的像方反投影误差

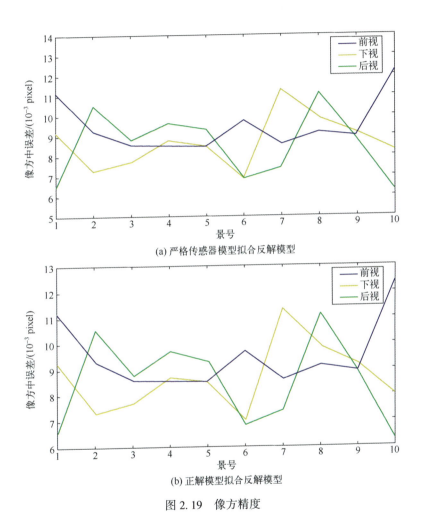

图 2.19 像方精度

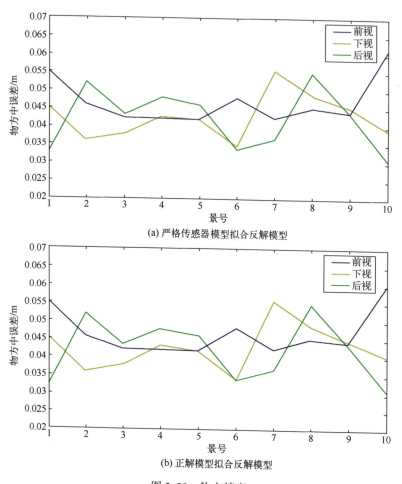

图 2.20 物方精度

图 3.10 IKONOS 左右像合成的红绿立体影像

图 3.11 GeoEye 左右像合成的红绿立体影像

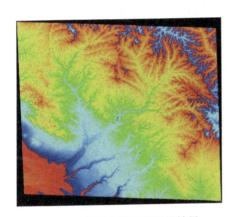 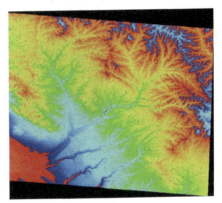

图 4.4 前视和下视匹配的结果 　　　　图 4.5 下视和后视匹配的结果

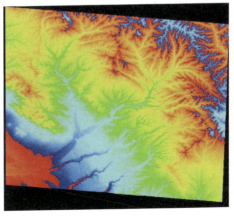

图 4.6 前视和下视与下视和后视匹配融合结果

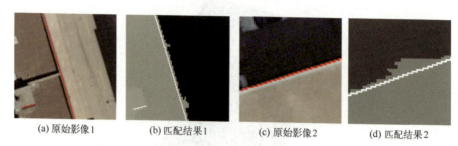

图 4.7 密集匹配算法在建筑物边缘区域的匹配结果

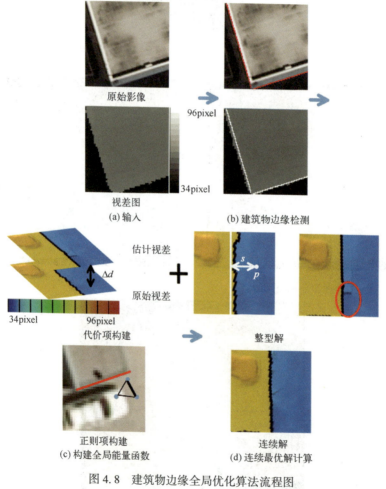

图 4.8 建筑物边缘全局优化算法流程图

  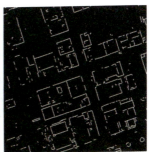

(a) 原始影像　　　　(b) 原始LSD直线特征　　　　(c) 建筑物边缘检测

图 4.9　建筑物边缘检测结果

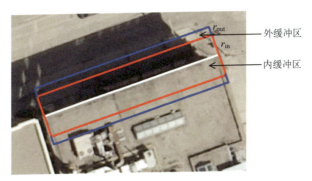

图 4.10　边缘直线的内/外缓冲区

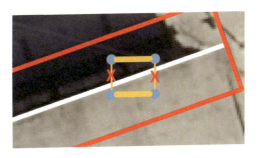

图 4.11　正则项平滑约束示意

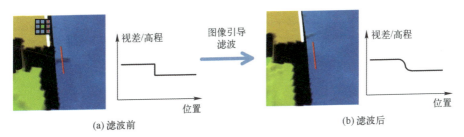

(a) 滤波前　　　　　　　　　　　　(b) 滤波后

图 4.12　连续最优解计算示意

彩15

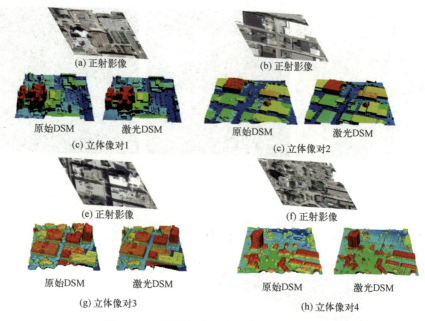

图 4.13 卫星数据集与对应的数字表面模型

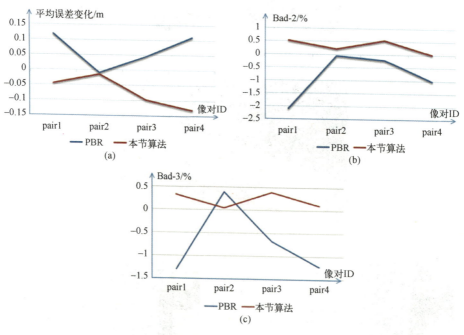

图 4.14 卫星数据集的性能对比结果

彩16

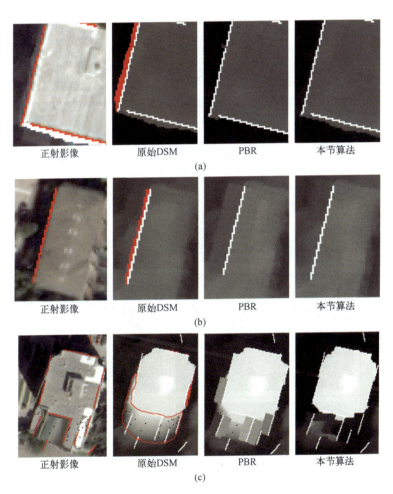

图 4.15 两种算法的边缘优化效果对比

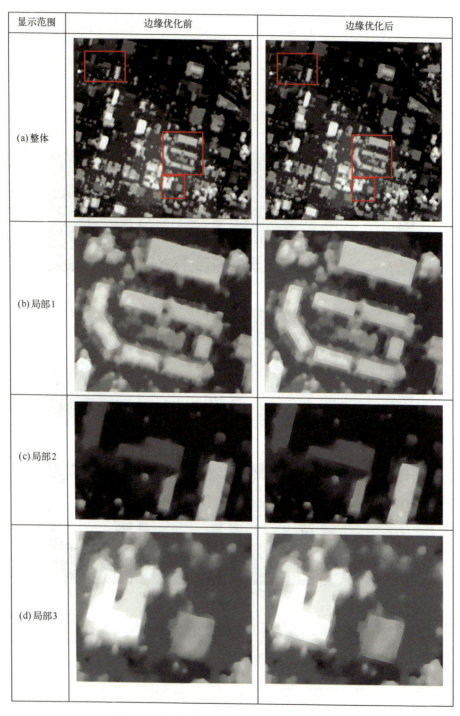

图 4.16 整栋建筑物优化前后的边缘对比效果

彩18

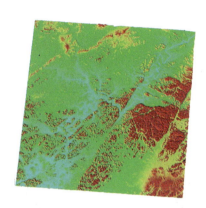
(a) tSGM 方法生成的 DSM(数据 1)

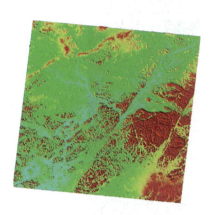
(b) 本节方法生成的 DSM(数据 1)

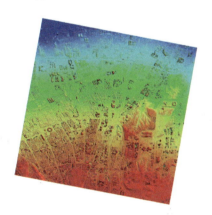
(c) tSGM 方法生成的 DSM(数据 2)

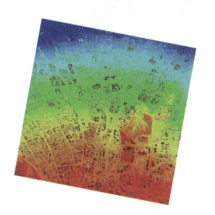
(d) 本节方法生成的 DSM(数据 2)

图 4.21 整景影像 DSM 结果对比

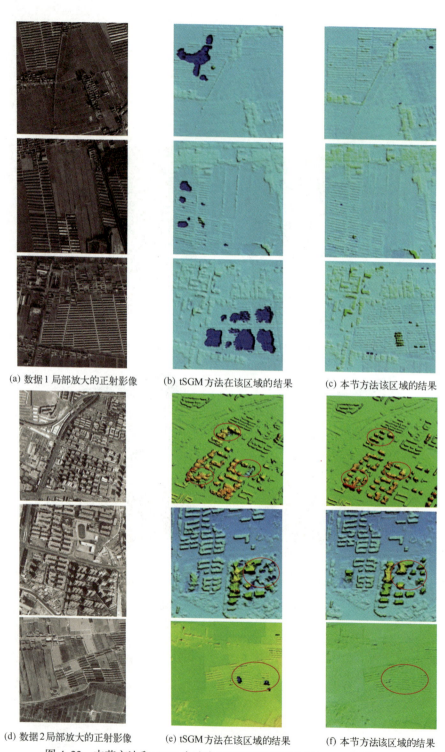

(a) 数据1局部放大的正射影像　　(b) tSGM方法在该区域的结果　　(c) 本节方法该区域的结果

(d) 数据2局部放大的正射影像　　(e) tSGM方法在该区域的结果　　(f) 本节方法该区域的结果

图 4.22　本节方法和 tSGM 方法在两组数据局部区域的 DSM 结果对比

图 5.1 天绘一号卫星影像三线阵影像

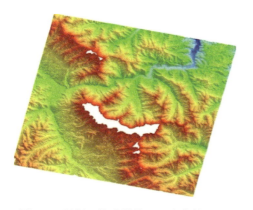

图 5.2 根据三线阵影像匹配生成的 DSM

图 5.3 对应区域的 SRTM 数据

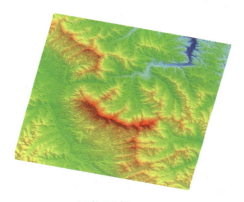

(a) 整景数据

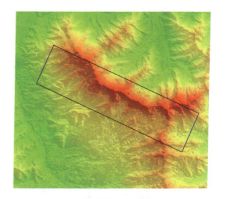

(b) 局部放大数据

图 5.4 直接修补的结果

彩21

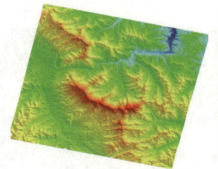

(a) 整景数据   (b) 局部放大数据

图 5.5 配准后修补的结果

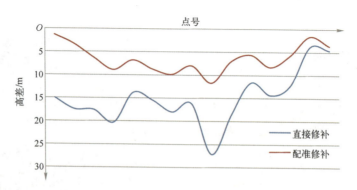

图 5.6 直接修补与配准修补后高差对比图

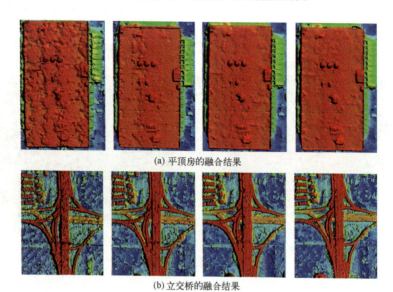

(a) 平顶房的融合结果

(b) 立交桥的融合结果

图 5.7 融合前后对比结果

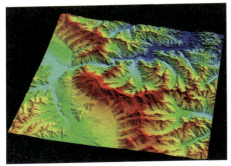 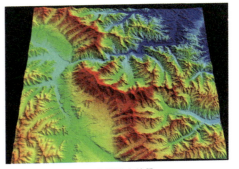

(a) 直接融合结果　　　　　　　　　　(b) 配准融合结果

图 5.8　异源 DSM 融合对比结果

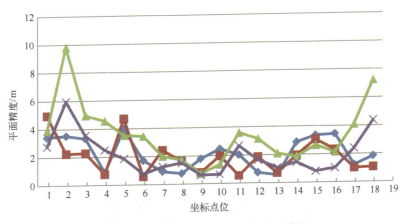

图 6.3　天绘一号卫星前方交会平面精度

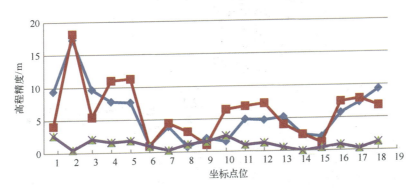

图 6.4　天绘一号卫星前方交会高程精度

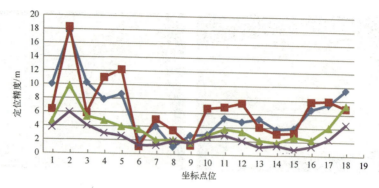

图 6.5 天绘一号卫星前方交会定位精度

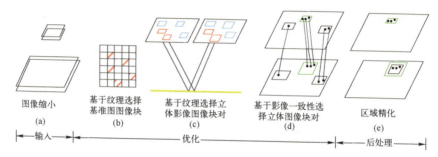

图 6.7 工作流程

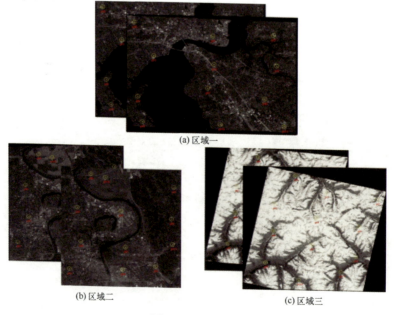

图 6.8 试验数据

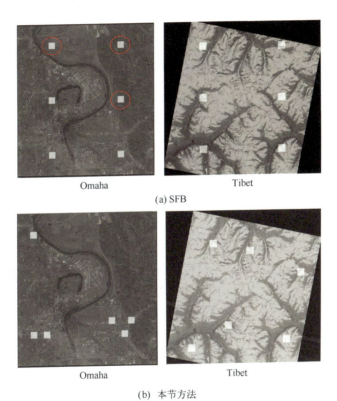

图 6.11 SFB 与本节所提方法的图像分块分布情况

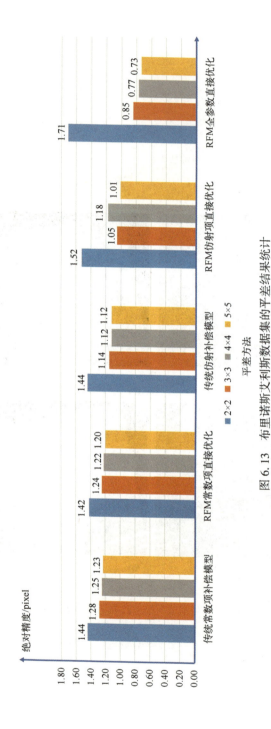

图 6.13 布里诺斯艾利斯数据集的平差结果统计

彩26

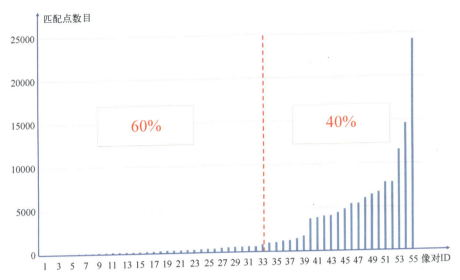

图 6.14　匹配点数目分布图

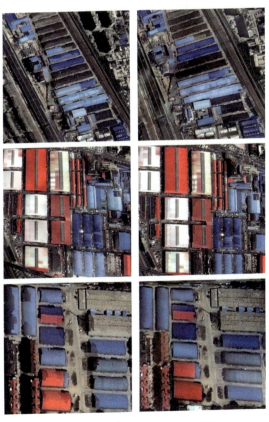

图 6.17　纹理校正前后对比结果

彩27

图 6.18 美国佛罗里达州测区数据示意图

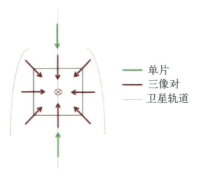

图 6.19 河北地区测区数据示意图

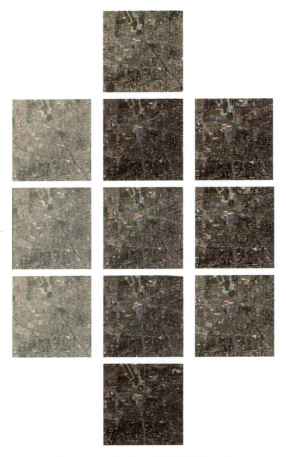

图 6.20 河北地区测区数据缩略图

彩29

图 6.21　某一像对生成的核线影像

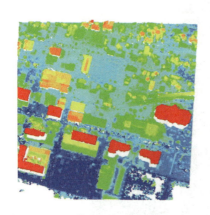 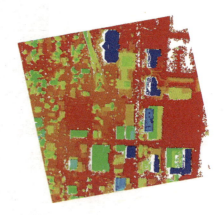

图 6.22　所选像对密集匹配生成的视差图　　图 6.23　所选像对生成的点云数据

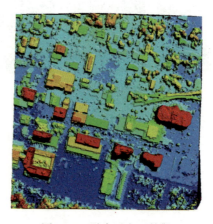

图 6.24　融合后点云数据

图 6.25 点云构网纹理映射后的实景结果

图 6.26 分块核线影像

图 6.27 所选像对密集匹配生成的视差图

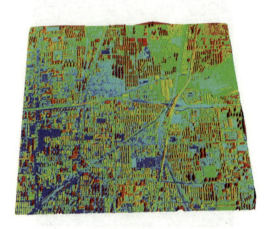

图 6.28 所选像对生成的点云数据

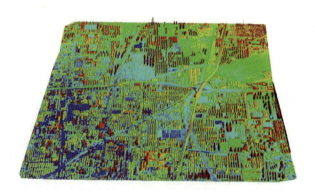

图 6.29 融合点云数据

图 6.30 点云构网纹理映射后实景结果